Z世代員工解析大全

イライラ・モヤモヤする 今どきの若手社員のトリセツ

平賀充記

前言

帶人總覺得焦躁又煩悶……

總是一臉無所謂，不知道怎麼樣才能讓他提起幹勁。

一心為他好而教育他各種事情，卻反被抱怨「主管運不好」。

禁不起打擊，每次跟他相處都要小心翼翼，還不願意參加公司的飲酒會。

明明已經如此小心翼翼地對待了，卻一臉沒事人的樣子毫無預警地提出離職……

啊——好焦躁！好煩悶！

你的職場上也有這種讓你焦躁煩悶的年輕員工嗎？

如果有，請一定要閱讀本書！

首先我們要探討的是，上述這種情感的真面目究竟是什麼……

「畢竟是自己公司的年輕後輩，當然會希望他們有所成長啊。」

應該有人認為，身為組織中的前輩，有這種想法是理所當然的。

「年輕人不成長，部門業績就無法提升，而且這也會影響到個人評價。」

也有人會像這樣，更直接地以工作成果來考量。

這兩者都是以「必須培養年輕員工」為出發點所提出的意見。

培養年輕人確實是組織中非常重要的課題。愈是資深的社會人士，應該愈有這種意識。然而，常聽到有人說「年輕人一年比一年難培養」。由此可知，「必須好好培養，卻總是不順利」，正是讓人焦躁煩悶的一大原因。

不過，作為一個人，我們所感受到的負面情緒可能來自更深層的地方。

把正經八百的商務人士頭腦像剝洋蔥般一層層剝開，就會發現**令人焦躁煩悶的震源**

或許只是我們這些前輩下意識對「現在年輕人」感到不滿的心聲。我是這麼認為的。

本書旨在消除煩躁，而不是指導如何管理

開場白拖得太長了，還請見諒。

不過，像這樣為了整理席捲職場的負面情緒而自問自答，正是我撰寫本書的動機。

我本身的業務範疇，就是以人才培育和團隊建立等視角來觀察職場和勞動人士。因此，提供的知識、觀點自然而然是以「組織管理」為前提的問題解決方案。

即便如此，我現在依然會有感到焦躁煩悶的時候。

於是為了探究這份情緒的真實樣貌，我重新進行自問自答。最後得出的答案如同前述，這只是對現在年輕人感到不滿的單純情感。

衝動的焦躁情緒，以及難以釋懷、始終無法消除的煩悶感互相交雜。其中會有讓人火大到想大聲斥責的事，也有不至於需要說出口的事。雖然程度不一，但有一個共通點，那就是在這個時代，要把這些情緒發洩出來是很困難的。

以前的時代，不講理的發言在某種程度上是被接受的。因此就算感到焦躁煩悶，也比較容易發洩；但是現今這個時代，就算再怎麼注意自己的發言，也可能被扣上「職權騷擾」的帽子，導致負面能量一直無法排除……

我想應該只有令和時代的前輩需要如此忍耐吧。

這些負面情緒只能累積在心裡，並在腦中不斷濃縮。

本書決定將這前所未見的焦躁煩悶結合體，簡稱為「煩躁」。

我便是抱持著「希望幫助所有前輩世代從這份煩躁中解脫」的心情撰寫本書的。

因此，本書並不是寫給「負責管理年輕員工的主管」的指南書。我的目標更加平凡，那就是寫出一本**能幫助「所有前輩」在職場上與新世代年輕員工相處時「減輕煩躁」的書。**

不是要無端挑起世代對立

自我介紹晚了。

我目前在人才開發與組織開發領域，為眾多企業提供關於年輕人的錄用、培育、留任等方面的諮詢服務。另外，我也會以年輕人的價值觀及行動原理為題，為眾多媒體撰稿。

我的大半職涯，都是在Recruit中度過的。我前前後後擔任過FormA和TOWNWORK等求職媒體的總編，不斷接觸各個時代年輕人的價值觀。

基本上，我對年輕人是深感同情的。離開Recruit之後，我仍然持續和許多年輕人社群交流往來，於是調查年輕人的工作觀就成了我的畢生志業。

在此稍微為各位整理一下「新世代年輕員工」和「前輩」的界定。

本書所提到的「新世代年輕員工」，指的是以Z世代（序章24頁會詳細說明）為主的年輕人。不過並沒有明確定義他們是哪一年以後出生的人，只是一個大致的概念。另一方面，「前輩」則指的是要指揮年輕員工的主管，或是要指導年輕後輩的資深員工，屬於必須與年輕員工進行上對下溝通的世代。這裡刻意進行抽象化，將這群人概括為前輩。

我也知道，並不是所有溝通壓力的原因都出自於世代差異。有些年輕人的價值觀較為老成，也有些前輩的想法很年輕。因此，我不打算無端挑起「年輕員工vs.前輩」的對立面。

不過，在探討職場上的煩躁情境並尋求解決方案時，把角色粗略分為「年輕員工」和「前輩」還是會比較容易理解。

在這裡先告訴各位讀者，我是透過以上這些觀點，刻意以世代差異作為立足點寫成本書的。

減輕壓力，然後好好相處

那麼，該如何消除我們這些前輩心中的煩躁感呢？

請大家先將視角拉遠，觀察一下自己的煩躁感。

煩躁說到底就是一種情緒。試著以客觀視角觀察這股油然而生的負面情緒，就是消除煩躁感最簡單也最有效的第一步。

造成我們煩躁的真正原因，在於我們這些前輩的想法與現在年輕人的行動有所落差。面對這樣的落差，我們應該試著**客觀審視**、**冷靜分析雙方各自的說法和真心話**。

如此一來，就會發現煩躁其實也分成很多種。光是在分門別類的過程中，有一些煩躁感就會稍微平息下來。

之後再以此為基礎，針對剩下的煩躁感繼續摸索解決方法即可。

從對症治療、闡述本質概念，到只能就此放棄的啟發，本書會依照情境一一告訴各位如何應對。

心理壓力稍微減輕，工作時的心情也會變得輕鬆一點。

若你能有這種感覺，本書的目的就達成了！

此外，本書還有類似附錄的終章，將系統化地解說**讓每一位年輕員工都能神采奕奕地工作並為組織注入活力的溝通方法**。

消除煩躁這件事，說起來其實就是「讓負數歸零」的對策。若是能夠更進一步，從本質上理解與年輕人之間的溝通方法，彼此的關係就能逐漸「從零轉正」。這就是我設置終章的用意。

不只是壓力減輕，還能夠好好相處。

本書真正的終點就在前方等著各位。

Z世代員工解析大全
消弭鴻溝才能擺脫煩躁

目錄

前言

帶人總覺得焦躁又煩悶……3／本書旨在消除煩躁，而不是指導如何管理 5
不是要無端挑起世代對立 7
減輕壓力，然後好好相處 9

序章

為什麼我們會對現在的年輕人感到如此煩躁？

據說「現在的年輕人啊」這句話自古以來就存在 22

1 瀕臨滅絕的昭和行事風格 24

成長於經濟停滯期的世代 24
從「溫室般的校園社會」到「弱肉強食的商業社會」 26

2 由於科技的進步，前輩的面子掛不住…… 28

現在的年輕人一出生就有網路 28
前輩使用至今的招數現在不管用了 29
社群媒體原住民的生活時代、空間都和我們不同 32

3 進一步加深世代隔閡的新冠疫情 34

年輕人認為依附在公司之下風險更高 34／工作場所和時間逐漸模糊 35

4 該如何面對前所未見的煩躁？ 37

加速度化並3D化的代溝 37

讓我們一起來消除煩躁吧！ 39

第1章

「態度有點高高在上」的年輕員工使用說明書

①在公司不接電話，是要怎麼工作？ 44

②喂！在會議室不可以坐上座吧！ 48

③有沒有好好聽人說話啊？ 52

④雖然是沒關係啦……但怎麼每次都是我在幫你按電梯啊？ 56

⑤在開會時滑手機實在太沒禮貌了 60

⑥遇到不講理的事，偶爾也該忍耐一下吧…… 64

⑦上班穿成這樣是可以的嗎？ 68

⑧咦？你在家上班，我卻要出勤…… 72

雖說個性很重要，
但這太任性妄為了吧！

⑨就那麼討厭藉酒交流嗎？ 76

煩躁因素 年輕員工生態解說

我不需要頭銜或職位，希望能擺脫不講理的上下關係 80

對壓制行為過度敏感 81／從封閉的縱向結構公司到開放的橫向結構公司 82

從日本型雇用中誕生的牢固上下關係 84／掌握禮儀的意義和目的 85

第2章

「容易受挫又對稱讚不領情」的年輕員工使用說明書

⑩為什麼會這麼容易受挫？ 88

⑪為什麼大力稱讚，對方反而一臉尷尬？ 92

⑫太常稱讚的話，效果會變差吧？ 96

⑬偶爾失敗一下不會怎麼樣吧？ 100

⑭這我之前說過了吧？為什麼說了這麼多次都不改呢？ 104

⑮為什麼不早點來找我商量？ 108

⑯心靈很容易受傷，不能嚴厲責罵…… 112

總覺得很難搞……

⑰不能說重話，委婉表達又聽不懂　116

煩躁因素　年輕員工生態解說

我當然希望得到認可，但不想太引人注目　120

總覺得別人家的月亮比較圓　121／模糊視聽的自我展現　123

自己也不清楚自己真正的樣子　124／別錯過「微弱的求救信號」　125

第3章

「很愛問做這件事有什麼意義」的年輕員工使用說明書

⑱一定要從頭到尾說明清楚才會懂嗎……　128

⑲真的只會依照字面上的要求做事……　132

⑳希望他們能先自己思考看看……　136

㉑想要自由發揮，卻只會一個口令一個動作，到底是怎樣？　140

㉒竟然問可不可以明天再做，連加班一小時都不肯嗎……？　144

㉓晨會可以提振大家的士氣，不是沒意義的行為　148

㉔開會還是必要的吧？　152

開口閉口都是
生產力和CP值，
到底多討厭浪費時間？

㉕要在三十分鐘內開完會……還是太短了吧？ 156

煩躁因素 年輕員工生態解說

無法接受浪費時間，既然花了時間，就不想後悔 160

超理性主義者最講求CP值 161／快轉觀影和劇透觀影是理所當然的 162

花費寶貴的時間需要有合理的理由 164／浪費vs.理性 165

第4章

「都已經是人生百年時代了，還莫名急性子」的年輕員工使用說明書

㉖做副業是沒關係，但在本業上有點怠忽職守了吧？ 168

㉗咦？要辭職？明明昨天面談的時候還看起來很有精神啊…… 172

㉘代理辭職是什麼意思？要辭職就直接說啊！ 176

㉙說什麼在這間公司已經沒有什麼要學的了，明明還有一堆！ 180

㉚說什麼主管扭蛋失敗，我才下屬扭蛋失敗呢！ 184

㉛不是說「JOB型」不好，但還是多累積各種經驗比較好吧？ 188

㉜嘴上說說很簡單，但實際上想要財務自由沒那麼容易吧？ 192

只考慮到
自己的職涯發展……

煩躁因素　年輕員工生態解說

我們必須用最有效率的方式提高自己的市場行情才行　196

以辭職為前提，卻不知為何想進入大企業　197／不斷橫向發展的成長需求　199

立志成為斜槓族，是一種自我意識的流露　200

對未來的不安和過多的資訊量，會增強事業上的強迫觀念　201

第5章

「看見不熟科技者就一臉鄙夷」的年輕員工使用說明書

㉝寄出重要電子郵件之後，應該通知我一聲吧？　204

㉞在信件中加上「一直以來受您關照了」這句問候，不是常識嗎？　208

㉟我傳的訊息被說是「大叔文體」，那到底該怎麼寫才對嘛？　212

㊱別用電子郵件，打個電話不行嗎？　216

㊲希望他們在視訊會議的時候可以開啟鏡頭　220

㊳不管怎麼說，紙本文件就是比較容易閱讀啊　224

㊴不好意思，我打不開檔案（汗）　228

太過數位化也不好吧……

㊵連接電腦這種小事，不能稍微幫忙一下嗎？ 232

煩躁因素　年輕員工生態解說

在這個時代，科技素養低落根本是對工作的怠慢 236

用傳統方法做事的前輩受到白眼 237／科技騷擾與逆科技騷擾 238

科技素養到底是什麼？ 240

終章

寫給不只想要消除煩躁，還想進一步與年輕人打好關係的前輩們

1 想與年輕員工建立良好關係，就要成為這種前輩 244

消除職場煩躁的真正目的 244／年輕人各個神采奕奕、自動自發的組織 246

2 必須事先掌握的四個要點 248

敬業度樹 248／廣受矚目的心理安全感 251

遠端連線時的心理安全感 252／尋求像夥伴一樣的領導者 254

3 建議大家採取的五個行動 256

①更新打招呼方式 258

打招呼的科學效果 258／好感的互惠性 260
②用心傾聽，並爽快地自我揭露 262
人類最大的罪是不高興 262／自我揭露就是卸下武裝 264
③把「怒罵」改成「訓誡」 266
理想狀況是不要對憤怒感到後悔 266／提出警告時，基準不能動搖 268
④建立工作目的的共識 270
站在年輕人的角度，告訴對方能得到什麼好處 270／關鍵字是「成長的自由」 272
⑤好好表達逆耳忠言 274
負面訊息傳達 274／為了重建而進行的對話才是本質 276
最後，落實到一對一面談 278
結語 282

序章

為什麼我們會對現在的年輕人感到如此煩躁？

據說「現在的年輕人啊」這句話自古以來就存在

「現在的年輕人啊……」這句來自前輩的感嘆，並不是現在才有的。據說最古老的例子可以追溯到約五千年前的古埃及遺跡壁畫，上面就雕刻著「最近的年輕人真不像話，我們年輕的時候……」這麼一句話。

竟然連古埃及的前輩也會感到煩躁！可見「現在的年輕人」這種論調，在人類剛有歷史的時候就已存在。

換句話說，無論古今中外，都有人在談論這個話題。這也就表示，前輩所感受到的煩躁，可說是一種極其普遍的問題。

不過我認為，**我們這些生活在現代職場的前輩所感受到的「現在的年輕人……」這種煩躁感，跟先人們有著明顯的不同。**

這是為什麼呢？

其中一個原因如同本書開頭所述，就是發洩煩躁變得非常不容易。與古埃及的時候相比，現代的煩躁無處發洩、不斷濃縮，恐怕已成了一種密度極高的沉重壓力結晶。

另一項因素是，「前輩與年輕人之間的差異」這個煩躁成因的嚴重程度不同。**所謂的代溝，或許已經上升到另一個檔次，稱之為「世代分裂」也不為過。**

序章中，我會試著以客觀的視角考察「煩躁因素＝前輩與年輕人的隔閡」這個關係。從結構上去理解「為什麼我們會對現在的年輕人感到如此煩躁？」，才能建立解決各種煩躁的基礎。

如果想要快點瞭解各種煩躁情境及其應對方法的話，當然也可以跳過序章，直接進入第一章，但還是建議各位耐心閱讀完本章內容。

1 瀕臨滅絕的昭和行事風格

成長於經濟停滯期的世代

首先，讓我們回顧一下年輕人成長的時代背景吧！

代表新世代年輕員工的世代，稱作「Z世代」。他們是出生於一九九〇年代後半的世代（以更嚴謹的角度來看，也有說法定義為出生於一九九七年以後的世代）。在日本，他們正是最近剛踏入社會的世代。

理所當然地，人的成長環境會隨著出生年代而有所不同，並影響一個人的人格形成或興趣取向、思考方式。

一九九〇年代初期，泡沫經濟破滅；一九九七年遭逢金融危機；二〇〇〇年大學畢業生的求才求職比掉到1以下，進入超級就業冰河期；二〇〇八年發生雷曼兄弟事件，全世界經濟陷入一片混亂，日本也受到極大打擊。

不僅如此，還發生了多起天災和引發社會大眾不安的事件，如一九九五年的阪神大地震和奧姆真理教事件、二〇一一年的三一一大地震。而後在二〇二〇年突然爆發的新冠肺炎疫情，至今仍看不見出口（編註：原書出版於二〇二二年三月）。

- 因為現在生活充裕，所以不容易產生上進心。
- 不覺得以後會變富裕，所以對未來不抱期望。

現在的年輕員工，也就是Z世代，就是在這樣的經濟停滯期中誕生的。

他們雖然在經歷了高度經濟成長期和泡沫經濟後變得富裕的時代出生，卻是在日本經濟不景氣的時期長大成人。

或許是因為這樣，**他們對地位和金錢沒什麼執著，傾向於追求安定的生活。**

他們的**思考方式是極為「現實」的**。

從「溫室般的校園社會」到「弱肉強食的商業社會」

另外，現在年輕人所受的教育，也是影響他們價值觀的一大要因。由於少子化加劇，只要不追求前幾志願，幾乎一定能夠考上大學。除了那些立志考上一流大學的人以外，重考大學的人也逐漸減少。我並不是要支持過於激烈的考試競爭，不過對現在年輕人而言，拚盡全力、奮鬥至滿身泥濘或是努力過後遭遇挫折，這類**吃苦的經驗明顯減少了**。

再加上最近學校有著只要學生想請假，或家長想讓學生請假，就可以輕易請假的風氣，絕對不會勉強學生。這對於在「除非遇到天大的事情，否則絕對不能請假！」這種常識下長大的昭和時代前輩們，想必都會感到疑惑吧？

對於寬鬆教育世代，很多人都只將焦點放在授課量減少這一點上，卻忽略了「重視獨立思考並自主判斷、行動」的教育方針。其實現在「不會凡事乖乖順從」的年輕人，就是在這種教育制度下被培養出來的。

從沒有競爭、溫室般的校園社會，進入弱肉強食的商業社會。

從廢除了上下階級的校園社會，進入極度不講理的商業社會。

現在的年輕人是突然掉進完全不一樣的社會，所以他們其實也是很可憐的。不過，最後要為這種教育政策擦屁股的，還是公司。

在昭和時代，穩重的年輕人大多態度恭順，而不恭順的年輕人則是企圖心強、鋒芒畢露。說得極端一點，就是前者羊性、後者狼性。在某種意義上，他們非常好懂。

相較之下，**現在即便是性格穩重、淡泊名利的年輕人，態度也不恭順。**

不僅難懂，又麻煩至極，但是前輩們還是必須照顧這樣的年輕員工，因此會感到煩躁也是無可厚非。

2 由於科技的進步，前輩的面子掛不住……

現在的年輕人一出生就有網路

現在的年輕人被稱作數位原住民。

他們在數位世界中成長，高速網路、智慧型手機、隨選視訊（VOD）、各種遊戲主機，以及社群平台，都是他們習以為常的東西。

在過去，資訊是非常珍貴的。

但是，對**總是隨身攜帶手機、生活在二十四小時連網世界的年輕人**來說，資訊隨時都能輕鬆獲取。

遇到不懂的事情馬上Google；若需要參考資料，就上Amazon購買；最近還可以在

Instagram和Twitter（譯註：現名為X）上搜尋標籤。

資訊並不是儲存在他們腦中；他們的腦袋有外接硬碟，網路就是他們的雲端儲存裝置，大概就像是這種感覺。換言之，腦中的知識儲備量豐富與否，早已沒有意義。

前輩使用至今的招數現在不管用了

另一方面，我們這個世代的前輩，則是長大成人後才不得不跟著使用數位工具。相對於數位原住民，也有人稱我們這種人為數位移民（被強迫移居到數位世界的人）。

在英語環境中長大的人，與長大後才去上英語會話課的人，英語能力一定有落差。

由此可知，數位素養方面也有著類似的落差。

而這種落差，**正在逐漸奪走「經驗值」這項前輩的職場價值**。

簡而言之，年輕人運用科技，就能輕輕鬆鬆超越前輩一路以來累積的經驗與知識。

舉例而言，前輩以過往經驗為基礎，嘔心瀝血地做出一份企畫書；但年輕人只需運用網路上的資訊或範本，就能輕鬆做出相同等級的企畫書，甚至在設計和外觀上都略勝一籌。

說得極端一點，就算前輩累積的知識量有100，但若是運用科技的能力僅有10，在年輕人的眼中，就等同於「工作能力差」。如此一來，前輩就無法保有自己在工作上的優勢立場。

總而言之，過往的上下關係已經不適用於現代社會了。**而無法熟練運用數位工具這一點，又讓前輩的面子更加掛不住。**這種情況對我們前輩世代來說，實在是非常痛苦。這也是助長煩躁感成形的一大原因。

數位工具年表

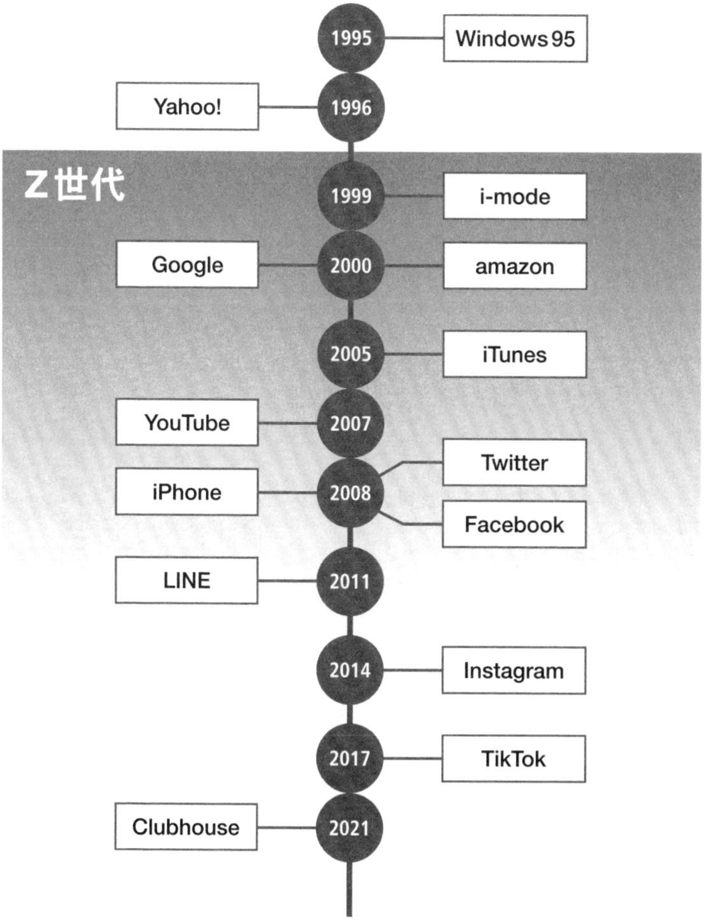

※以上記述的是在日本開始服務的年分。

社群媒體原住民的生活時代、空間都和我們不同

現在的年輕人還被稱作社群媒體原住民。

他們的日常有很大一部分，是生活在足以稱為「社群平台社會」的線上空間。在開放的網路世界尋找同伴，並住在那個世界裡。生活的基礎已經是預設在線上。

不用說，大家都知道社群平台是建立在觀看他人和自己發布的內容，並互相對彼此的內容「按讚」的基礎上。這就表示，社群平台有著「看與被看」這種在某種意義上互相監視的功用。

現在的年輕人便是在理解社群平台法則的前提下，去建立人際關係的。反過來說，若是偏離這個已經默默成為共識的使用方法，就會有被排擠的風險。於是年輕人會像這樣，隨時監視著彼此是否有遵守這項規矩或禮儀。

他們被困在「住在這裡就要遵守這裡的規則」這種同調壓力和潛規則之下。**本該海**

納百川的社群平台，其實與江戶時代的村落社會非常相似。

這對年輕人的行動原理造成了極大的影響，也正是造成我們這些前輩難以理解年輕人的一大要因。

我們前輩世代平常也會使用社群平台。可是，我們只是把社群平台當成工具使用，想法和價值觀仍然以現實社會為前提，基本上屬於「線下世界的居民」。

目前為止所提到的前輩與年輕人的代溝，總的來說都是因為彼此生活的「時代」不同所造成的。時代在進步，技術也在不斷革新，於是世代間便產生代溝，粗略歸結下來就是這麼一回事。

然而**現今，不僅僅是彼此生活在不同「時代」，連生活的「空間」也有所不同。**

3 進一步加深世代隔閡的新冠疫情

年輕人認為依附在公司之下風險更高

我所經營的TSUNAGU工作方式研究所，曾在二〇二一年以「經歷新冠疫情後的工作觀」為題，對Z世代進行調查。

針對「在規劃自己的職涯時，你想採取哪種工作方式？」這個問題，表示想要一直穩定待在同一間公司的「穩定派」占了41・1%；另一方面，想要以一間公司為主並在空閒時間發展副業來增加收入的「副業派」，以及認為只依靠一間公司令人不安、想要在好幾間不同公司工作的「複業派」加起來，則占了37・6%。

由此可知，將近有四成的人追求副業或複業之類的斜槓工作方式。

正常來說，在社會不安定的時代，大家的觀念會趨向保守。而且如同前面所述，現在年輕人的想法都很超乎現實。

既然如此，為什麼他們會覺得只依靠一間公司反而危險呢？

我認為，是因為他們對公司或職場的歸屬感降低了。

眾所周知，在新冠疫情的影響下，遠距工作快速普及，需要與人面對面的工作大幅減少。**當物理上的連結減弱，精神上的連結也會跟著減弱。**這樣的工作方式大幅動搖了年輕人的工作觀。

工作場所和時間逐漸模糊

「零工經濟（Gig Economy）」現在大受矚目。

「Gig」原本是指爵士樂手或搖滾樂手只簽一晚合約的現場表演。後來引申其義，將沒有雇傭關係、以承接短期工作為業的人稱作「零工（Gig Worker）」。

如今群眾外包的工作方式及網紅職業皆已普及化，以Uber Eat為代表的外送員等臨時工作者也開始抬頭。這些對前輩來說難以想像、但在年輕人眼中被視為「職業」的工作，如雨後春筍般出現。

甚至出現這樣的身分：上班族兼部落客兼Uber Eat外送員兼YouTuber。**他們不依附在一間公司之下、不被單一工作所束縛，將空出來的時間用來進行好幾種不同的工作。**

無法否認，在這樣的趨勢下，對於企業和組織的歸屬感確實會逐漸減弱。

我們這些前輩一路走來，都是生活在為公司無私奉獻會受到讚揚的時代。「對公司沒什麼歸屬感」、「想到其他公司兼職」這些年輕人的價值觀，對於極度重視「對公司忠誠」的世代來說，無疑是引起煩躁的一大關鍵。

4 該如何面對前所未見的煩躁？

加速度化並3D化的代溝

因為社會變遷而產生的代溝，就是我們這些前輩的煩躁因素。看到這裡，相信大家應該都對此深有所感了吧？

不僅如此，正如我在本章開頭說過的，這次前輩與年輕人之間的代溝幾乎已經到了世代分裂的地步。

接著，就讓我們針對現今代溝的兩大結構性要因進行考察吧！

第一個，是**代溝的「加速度化」**。

尤其是數位方面的問題。年輕人會積極地去掌握最新的數位工具，前輩世代則因為不擅長而被拋下。

於是數位素養方面的代溝，就隨著以加速度持續進化的技術革命，以等比例加速度擴大下去。

而且，因為新冠疫情的影響，十年後的未來一下子就來到眼前。

在應對意外狀況的反應能力上，前輩和年輕人也有著極大的落差。這也是代溝加速度擴大的因素之一。

第二個，是**代溝的「3D化」**。

如同前面所述，現今我們彼此已經不僅僅是生活在不同「時代」，甚至連生活的「空間」也有所不同。可以區分成重視社群平台社會的線上居民（＝年輕人），以及落伍的線下居民（＝前輩）。

所謂的代溝3D化，就是指橫跨了時間與空間維度。畢竟連所處的世界都不同了，當然會難以互相理解。

讓我們一起來消除煩躁吧！

就如同本書開頭所述，站得稍微遠一點，就可以用客觀的角度去觀察並理解這巨大的煩躁壓力結晶。接著，只要一步一步地分類這些煩躁，心情就會感到稍微舒暢。

以下就先將煩躁感歸為三類：

①理解年輕人想法就能消除的煩躁

「原來他是這樣想的啊……」

只要能理解年輕人的深層心理，**就會產生共感連結，減少需要特意顧慮他們的情況**。如此一來，就不用成天想著「他會不會心懷不滿」、「他會不會覺得我在職權騷擾」，與這些「看不見的敵人」做心理對抗。

光是這樣就可以減少不少煩躁感了。

②不想在這一點上退讓、希望對方瞭解的煩躁

即便客觀地觀察煩躁、試圖瞭解年輕人的價值觀，肯定還是會有許多無法認同的地方。倒不如說，這才是正常的。

要解決這個問題，只能彼此各退一步了。在這種情況下，就要稍微調整一下和對方相處的態度。

客觀分析並從結構上去理解自己為何會感到煩躁，**就會知道該用什麼態度去面對對方**。如果雙方能夠逐漸建立起共識，心情就會舒暢許多。

③發現原來問題出在自己身上的煩躁

被戳到痛處時，就會下意識擺出強硬態度，這是人類的天性。尤其是自己心裡也有底的時候，就會更加煩躁。這樣的案例可說是不勝枚舉。

遇到這種情況時，就只能坦誠相待了。不妨藉此機會稍微更新一下自己吧！

當然，有些煩躁無論如何都無法消除，肯定也會有一些因為與年輕人想法不合而無法填平的鴻溝。

不過，**如果能夠冷靜釐清煩躁的真面目，相信你就會漸漸瞭解自己該在何處放手。**

好了，下一個章節總算要開始具體探討在職場上常見的煩躁情境。

讓我們一起踏上消除煩躁的旅程吧！

第 1 章

「態度有點高高在上」的年輕員工使用說明書

雖說個性很重要，
但這太任性妄為了吧！

①在公司不接電話，是要怎麼工作？

前輩的煩躁

搞什麼……人明明在辦公室，電話響了卻不接，是要怎麼工作啊？我知道你們這一輩都只用手機，但是我年輕的時候，由新人來接電話可是一種常識啊！倒不如說，在電話響三聲之內沒接起來的話，可是會被罵的欸……

年輕員工的真心話

不好意思，我家沒有話機，所以沒有接電話的習慣。我從來沒接過陌生來電，從小爸媽也都叫我不要接陌生人打來的電話。老實說，公司電話響起來的時候，我會感到很害怕。

直到最近，對於「新人不接公司電話」這個問題感到煩躁的前輩才終於大幅減少。因為大家漸漸理解了現在年輕人的電話使用習慣。

在我們這些前輩小時候，話機是一種相當常見的東西。藉由觀察父母接電話的樣子，自然而然就會學到與陌生人打招呼、呼叫家人或轉達事情的方法。有禮貌的說話方式也可以說是從父母的用字遣詞中學來的。

然而，有不少年輕人**從懂事起，家裡就已經沒有話機了**。因為這個世代的人從小就擁有自己的手機。

他們的電話溝通模式，是建立在看得見來電者的預設狀態下。不僅可以自己決定要不要接，而且「喂」這個招呼語也已經快要沒人在用了，現在是一接通就問「你在哪」的時代。

他們不懂得如何有禮貌地接電話，算是一種不可抗力。

前輩也終於發現，對這樣的年輕人劈頭痛罵「為什麼不接電話！」實在太不講理。

但也不能因為這樣就不接電話。

年輕人不知道怎麼接電話，也不知道對方會問什麼事情，所以對接電話感到恐懼。稍後在第二章也會提到，現在的年輕人非常害怕失敗（100頁）。他們認為與其要面對失敗，倒不如一開始就不接。

該如何讓這些害怕接電話的新人開始願意接電話呢？

這是一個看似枝微末節，但在現今的職場上相當令人困擾的問題。

有的企業是採以下做法：在電話旁邊準備一份作業指南。一開始新人只要詢問對方的姓名和目的，再轉接給主管即可。轉接完成之後開啟擴音模式，讓新人在旁邊聽，透過範本學習如何應對。

這種做法當然有效。但是我們真正希望的，應該是讓新人擁有積極接聽職場電話的動機才對。

煩躁消除法

為什麼一定要接電話呢？

必須要讓他們在理智上認同「接電話對自己是有好處的」。

請各位把這個範本記在心裡：

「『〇〇，有您的電話。』像這樣幫忙轉接電話，你就會知道公司裡面有哪些人。藉由回答對方的問題，不僅可以瞭解公司的產品和服務，還可以記住公司有哪些客戶。接愈多電話，工作就會愈快上手。」

這就是站在年輕人的立場，對年輕人有幫助的理性表達方法。

先前序章稍微提過，「用年輕人能理解的方式與年輕人相處」指的正是這個（39頁）。

在本書中，這種溝通方法就是與年輕人溝通時的基本姿態，接下來我依然會反覆地對各位耳提面命。

②喂！在會議室不可以坐上座吧！

前輩的煩躁

進到會議室，我就嚇了一跳。我們部門的年輕員工竟然坐在議長席！拜託一下好不好……還好身為議長的協理還沒到場。一想到可能被他看到這一幕，我就冷汗直流。新人教育訓練的時候不是有教過上下座的禮節嗎？

年輕員工的真心話

教育訓練時，確實教過會議室上下座的禮節，但我其實不太能理解。講實在的，就只是個座位而已，坐哪裡有差嗎？啊！難道是在螢幕上展示會議資料的時候，要讓地位最高的人坐在看得最清楚的位置嗎？若規則是這樣的話，倒是挺有道理的，感覺可以接受。

無視於經理和課長的存在，自己坐在上位，或是不小心讓客戶坐下座。前輩要是看到這種既失禮又缺乏常識的場面，大概會超越煩躁的境界，直接怒火中燒吧？至少我以前就是如此。

然而，時代已經大不相同了。

雖然年輕人接受過籠統的教育，大概知道在年齡或工作上地位較高的人所坐的座位是「上座」，地位較低者或主辦方所坐的座位是「下座」，但就像方才的情況，現在的年輕員工也許會心想「上下座有意義嗎？」而感到難以認同。

其實，**將地位高的人帶領至「舒服的地方」這份招待貴客的心意，正是座位規則的基本概念**。在以前，離入口處較遠的地方通常是設有神龕或神壇的神聖區域。會議室雖然沒有這些東西，但該處比較幽靜這一點是不變的。

總而言之，離出入口遠的座位是上座、靠近出入口的座位是下座，都有其原本的意義。然而，現今就有新聞報導說，這種招待貴客的心意已經變得虛有其表。可想而知，這種禮儀規範會被年輕人質疑也是無可厚非的。

線上會議工具「Zoom」最新推出的「自訂畫廊檢視」功能，更是被大眾譏為「Zoom的上座功能」。

網路上，年輕人的反對聲浪四起，紛紛表示：

「我還以為Zoom的上座功能是在玩哏（笑）。」

「在不得不使用這項功能的同調壓力之下，員工的工作量又增加了。」

「這是不錯的功能，但在日本會讓『將地位高的人安排在上座』這個狗屁禮節更加定型。」

這個新功能是為了將發言人安排在醒目位置而開發出來的，為什麼會被說成是上座功能呢？

據說是因為有好幾間日本企業，向Zoom公司提出「可以讓經理或董事會成員的畫面更大一點嗎？」、「可以把主管顯示在畫面的上座嗎？」這種令人汗顏的要求。

不只是會議室這種現實空間，就連在線上的虛擬空間開會都得考慮座位安排。這已

經脫離原本讓貴賓坐在舒適位置的招待心意，散發出前輩世代過於拘泥形式和表面的陳腐氣息。

由於這樣的案例，要讓年輕人理解座位禮節的必要性就變得更加不容易。不過，座位禮節並非完全是無用之物，因此受到年輕人排斥就更令人感到遺憾。

煩躁消除法

前輩世代真是不容易。

雖然想在年輕人面前展現威嚴，但是也要顧慮自己在組織中的立場，被夾在中間兩面不是人也是常有的事。

上下座的問題可以說是代表性的例子。前輩往往會被夾在高層和年輕員工之間，必須同時顧及兩方的感受。

「不要說明現象，而是說明本質」這樣的溝通，能有效加深前輩與年輕人的共識。

關於這點，在煩躁④「怎麼每次都是我在幫你按電梯」（56頁）篇章中會再說明。

③有沒有好好聽人說話啊？

前輩的煩躁

把工作交給他後，在確認進度時才發現他完全做錯方向。又來了！這種事情簡直層出不窮。他既沒有表示反抗，看起來也沒有在偷懶。雖然他不是惡意的，但這樣根本無法把工作交給他。光會應聲而已，會不會其實根本沒在認真聽呢……

年輕員工的真心話

就算罵我「為什麼不照我說的做」，我也無能為力啊……我以為自己有照著做了。我有把主管的指示抄成筆記，也有好好聽。竟然還被說我光會應聲而已……為什麼積極應聲會惹怒對方啊？好沮喪。

雖然好像有認真聽話，但其實根本沒有好好聽進去。

有很多前輩世代對於這樣的年輕員工感到煩躁不已。

開頭的案例也有可能是主管的指示出問題，但大多數這類溝通誤解的根本原因都出在「傾聽力」上。

善於說話的人，可以利用巧妙的話術炒熱場面；但若是沒人想聽，有可能一下子就冷場了。

另一方面，善於傾聽的人會展現出尊重對方的態度，因此能夠緩和現場的氣氛。

換言之，即使不善言辭，只要懂得傾聽，就可以讓對方感到舒服自在。

當然，無論哪個世代都有不善傾聽的人。不過有人指出，這種**「有聽卻沒聽進去症候群」在年輕人身上特別常見。**

這其實和社群平台有關係。

據說，在談論自己的話題時，不分年齡與性別，每個人都會分泌快樂物質多巴胺，就像品嚐到美食和美酒，或是性慾獲得滿足的時候一樣。

由此可知，比起聽，人類原本就更喜歡說。

根據美國的科學雜誌報導，人類的會話中，有60%是關於自己的事。而若是在社群平台上，據說比例更是高達80%。

現在是大家會在社群平台上不斷展現自己的時代。尤其是年輕人，他們並不抗拒將自拍照或自己的意見分享給不特定多數人。或者應該說，他們會積極地輸出。

一般情況下，年紀愈大的人往往愈容易不聽別人發言，自顧自地說個不停。前輩世代顯然能從說話這件事中獲得「快感」。

然而，**年輕人已經從在社群平台展現自我的習慣中，獲得前輩世代從說話中感受到的「快感」**（**同等或甚至更多**）。

如此一來，年輕世代會變得不善傾聽也是無可厚非的。

煩躁消除法

那麼，該怎麼做才能提升年輕員工的傾聽力呢？

首先，就是用理論去說明好處（這點在44頁的煩躁①也有提過）。

某項調查曾針對業務話術進行分析，並得到以下結果：優秀的業務員傾聽對方說話的時間占57％，說話的時間占43％。可見比起花時間進行推銷，花更多時間傾聽客戶說話，業績才會好。我們以這類事實去說明，也會更有說服力。

另外一個重點，是要讓年輕人對說話的對象產生好感和興趣。

讓年輕人認為前輩是「值得敬愛的對象」，才能從根本上解決年輕人的「傾聽力」問題。為此，前輩也不要光顧著說，傾聽年輕人說話更加重要。換句話說，前輩也必須鍛鍊傾聽力。

而且不只是「聽」，而是要「用心傾聽」。這部分在終章的「用心傾聽，並爽快地自我揭露」（262頁）篇章會再詳盡說明。

無論如何，傾聽力對前輩來說都是一項極其重要的技能。

④雖然是沒關係啦……但怎麼每次都是我在幫你按電梯啊？

前輩的煩躁

回過神來，發現好像每次站在電梯按鈕前面的都是我。從年輕時開始，我總是第一個進電梯幫大家按樓層，長年以來已經習慣成自然了。雖然也不是因此就要強制要求年輕人做這件事，但心裡總覺得有點不舒服啊……

年輕員工的真心話

說什麼讓地位高的人幫忙按電梯很失禮……那不想按的人就不要站在按鈕前面嘛！話說，要是以位置或順序來看，主管或前輩就站在按鈕面前的話，請對方幫忙按有什麼不對嗎？硬是去搶按鈕才算有禮貌，這道理我不懂。

眾所周知，電梯內也有上下座之分，而下座當然就是電梯按鈕面前。

雖說在電梯擁擠的時候無需強行移動，但這件事情是一種商務常識。

首先，讓我們複習一下正式的電梯禮節吧！

基於「進入某空間時，要讓上位者先進」的禮儀概念，本來應該是要讓主管等地位高者先進去。但是在搭電梯的情況下，會優先考量安全性和出入順暢，因此為了確保電梯門不會在中途關上，下位者先進入電梯才符合禮數。

而在進電梯之前，要懷著「本來是該讓您先請的，還請見諒」的心意，以眼神向對方示意，或說聲「不好意思」再進入電梯，隨即按住「開」的按鈕。

若是電梯內已經有人，則進電梯的順序會改變。

由於通常是由裡面的人操作電梯，所以要依照原本的禮儀請主管先進。自己搭上電梯後，再盡可能站在離按鈕近一點的位置。如果現在操作電梯的人比自己的地位高，就主動提出「讓我來吧」。這一連串的行動就是正確答案。

公司的電梯是商務場合。由於空間狹窄密閉，一點微小的動作都會引人注目。電梯禮節應該就是因此而誕生的。

雖說如此，應該有許多前輩只知道「先進後出是基本常識」並長年如此行動吧？我的認知也差不多是這樣。

看到正式禮儀的時候，各位是否也會心想：原來進電梯的順序還會隨情況改變啊……有必要這麼嚴格嗎？

要是大多數的前輩都像我一樣產生這個想法，想必追求合理性的年輕人感受會更深。如此一來，就不難理解為什麼電梯禮儀會登上「沒必要的商務禮儀」、「不想流傳到下一代的商務禮儀」等排行榜。

我認為，**讓前輩感到煩躁的原因其實不在於表面形式，而是在於體貼他人的觀點**。並不是認為站在電梯按鈕前的人一定要幫大家按電梯，只是希望年輕人可以依循禮儀的本質採取行動而已。

煩躁消除法

進電梯時自己先，出電梯時讓客人先。

這雖然是一件理所當然的事，但不過就是其中一條禮儀原則而已。

所有的禮儀都有其意義、目的和理由。

禮儀追求的是為了「使共享同一個時間和空間的人們，不讓彼此感到不快，度過一段美好舒適的時光」而展現的照顧、關心、體貼舉動。

換言之，禮儀本質上是為了讓體貼周遭人事物的舉動得以實踐，而去學習根據情境導出最佳解的智慧。

先前在會議室上下座的煩躁情境中也提到過，要用這種本質論的觀點與年輕人溝通（48頁）。即便年輕人的體貼和我們所想的有點落差，但如果他們能以自己的方式展現體貼，應該也會讓人覺得挺可愛的吧。

⑤在開會時滑手機實在太沒禮貌了

前輩的煩躁

最近有很多年輕人會在開會時滑手機，讓人非常困擾。我明明還在說話，要忍住不大罵「給我認真聽！」也是很不容易。雖然知道現在的年輕人都有手機成癮症，但這和那是兩碼子事，真是一點都不懂商務禮儀。

年輕員工的真心話

之前也是這樣，因為會議上的資料可信度有點低，我上網Google就被罵了……我可是因為很認真聽才這麼做的耶。而且聽到陌生的詞彙時，馬上查清楚意思才能更快跟上議題啊！我覺得這樣才能好好討論。

看到在開會時一邊聽自己說話一邊滑起手機的年輕人，各位會怎麼想呢？想必有九成的人反應會是「給我認真聽」吧？其實我以前也是這類人。

但是，我經歷過一件事後，便稍微改變了想法。

這是我在公司和年輕員工開會時發生的事。

當時我們正在針對某家飲食連鎖店進行多方面的分析和討論，其中一名成員突然開始滑起手機。我當然對此感到相當不快。

然而說時遲那時快，他突然說了一句：「啊！全國總共有一百五十二間分店，而且有五十五間在首都圈內。」我才意識到，原來他剛剛是在搜尋該企業的資料，當下只能驚訝地回應：「喔，好。謝謝你。」

由此可知，**年輕人搜尋資料的速度是很驚人的**。

認真看著對方的眼睛、腦中卻想著「肚子好餓……」思考午餐要吃什麼的人，和移開目光滑著手機、但試圖為對方所說的話找到根據再發言的人。對說話者來說，兩者之中誰的態度比較「認真」，應該很清楚了吧？

就如同序章所說，**身為數位原住民的年輕人認為，把資訊事先存在腦袋裡，不如在需要的時候適當搜尋來得有效率**。

因此，他們工作的時候總是手機不離身。

相對地，他們大概也對於明明面前就有馬上可以使用的便利工具，卻把它當成文鎮般放著不用的前輩感到不解吧。

也有一些年輕人抱持著對前輩來說過於激進的價值觀，認為為了有效利用時間，同時進行其他事務更有效率。即便在開會，也沒必要一直集中精神在同一件事情上。要是什麼事都不做，光坐著聽大叔們講些無聊的事，時間充實度就會大幅下降。

基於這種想法，年輕人就可能在開會途中利用（一定會出現的）超零碎空檔（在可行範圍內）處理其他事務。

至於是否要容許到這個程度，各方持有不同的意見。

我個人是不贊同在會議中搜尋和議題無關的東西。

煩躁消除法

對前輩世代來說，在別人說話時直視對方的眼睛認真聆聽，是常識中的常識。在開會時不聽別人說話根本是不成體統。

但如果是想要讓會議更有效率地進行，為了獲取必要資料而滑手機的話……

這是他們在用自己的方式認真參與會議。

我的建議是，**針對在會議中使用手機一事訂定規則**。

規則定得太嚴格的話會被討厭，但只要定下可以查詢與會議事項相關的事情、要用手機的時候告知一聲之類的規則，就能減輕前輩的煩躁，並且加快開會的效率。這樣不是很好嗎？

⑥遇到不講理的事，偶爾也該忍耐一下吧……

前輩的煩躁

我並不是認為不講理是對的。可是，我們也是在上一輩的不講理對待之下一路走過來的，而且世界上就是有很多不講理的事情啊！說這些不講理的事是上天給我們的考驗是有點太誇張，但我還是覺得，撐過這些不講理的事才能夠獲得成長。

年輕員工的真心話

不講理的事真是糟透了。「給我閉嘴照做！」或「反正你做就對了！」這種命令句，我真的是不懂。還有，每天反反覆覆的主管最糟糕了。明明是同樣一件事，之前都沒有什麼意見，某一天就突然把我罵到臭頭。這不是不講理到極點嗎？

首先，不講理是指不合乎道理、邏輯不通。被交代預料之外的工作，卻沒得到像樣的說明；或是遭到職權騷擾般的對待，卻難以反駁而使得心情煩躁。沒有人喜歡不講理的事。

不只是年輕人，前輩也是這麼想的。

但是前輩一直將甘之如飴地接受不講理對待，視為一件非常重要的事。

職場上充滿不講理的事。

藉由忍受不講理的事，能夠建立作為獨當一面社會人士的基礎體力。

所謂的上位者，他們的存在本身大多都是不講理的。是否能接受來自那些上位者的不講理對待，就看自己有多少能耐。能夠承受很多不講理對待，就代表自己很有肚量。職場上充斥著這種氛圍。

這些不講理的事情之所以能在職場被接受，是因為能換來一定程度的利益。

在終身雇用、年功序列等日本雇用型態盛行的時代，咬牙撐過不講理的事情，就能得到升官或獎金之類的報酬。

換句話說，前輩世代為了在公司的競爭中拔得頭籌，即便不情願，也必須磨練那幾乎可以被稱作「Ｍ氣」的不講理耐受性。

另一方面，對現在的年輕人來說，「不講理」毫無疑問是禁忌詞彙之最。

就如同序章所述，時代已經完全不同了。現在是終身雇用和年功序列等日本特有的雇用系統出現裂痕、無法預見未來的時代。

既然沒了要在這間公司工作一輩子的前提，那又何必逆來順受呢？年輕員工之所以會對不講理的事表示排斥，正是因為得不到前輩過去享受到的報酬。要是活在這樣的時代，即便是前輩世代，想法可能也會改變吧？

簡言之，**與其說這是經歷過各種不講理對待的前輩 vs. 草莓族年輕人之間的「精神層面代溝」，不如說是能否藉由忍受不講理對待獲得報酬的「經濟理性代溝」。**

我們前輩應當要好好弄清楚這一點。

煩躁消除法

提升面對不講理對待的耐受性，以及默默忍受各種事情的能耐還是很重要的。我也是這麼認為的。

但是年輕人只要在職場上無法獲得相應報酬，就難以理解這種價值。既然如此，就試著用「與公司外部人員的關係」和「本人將來的職涯」來說明吧！這也是以年輕人視角訴說的一種方法。

「為了應付難搞的客人，最好具備一點面對不講理對待的耐受性。」

「要是你以後開公司，要推銷公司提供的服務時，面對的通常都是大老闆，而大老闆是世界上最不講理的生物。為了將來好，趁現在習慣不講理的對待是有意義的。」

如果用這種方式表達，或許多少能將我們前輩的想法傳達給他們。

⑦上班穿成這樣是可以的嗎？

前輩的煩躁

平常就在說要讓每個人展現個人特色，我也想盡量認可他們穿著打扮的自由。可是，當新人穿著坦克背心和短褲來上班的時候，我真的是驚呆了。讓人忍不住想出口數落，你是待會要去野外抓昆蟲嗎？

年輕員工的真心話

明天要穿什麼好呢？每次一想到這個問題就很鬱悶。明明已經小心選擇了感覺沒問題的衣服，卻還是常常被講話。話說回來，到底怎樣可以、怎樣不行，沒有個明確的指標，真的讓人很困擾。而且隔壁部門的主管都管很鬆，我們的主管卻管很嚴，這不是很弔詭嗎？

在職場上到底該怎麼穿衣服呢？

若是白領工作，男性當然是西裝，女性則穿制服。在日本，有很多遵照上述原則的公司，職場服裝方面也存在潛規則。

另一方面，在每個時代都有一定數量的年輕人，對於這些職場服裝的常識和制約感到窒息。應該也有不少畢業生是以服裝自由度來挑選公司的。

時代在演進，在清涼商務（※譯註：日本前首相小泉純一郎在二〇〇五年提出的政策。鼓勵公司企業維持室內溫度在攝氏28度，同時允許員工穿簡便服飾上班，抗高溫的同時節約能源）的趨勢中，誕生了一種名叫「辦公室便裝」的服裝風格。在這波趨勢的影響下，職場服裝的自由度獲得了某種程度的提升，照理說應該會大受年輕人歡迎。

然而，辦公室便裝可不好對付。

心想「穿成那樣要怎麼工作」而感到煩躁的前輩 vs. 在想穿的衣服和適合的衣服之間左右為難的鬱悶年輕人——**服裝選項的增加，使得前輩和年輕人在職場上又多了一件**

意見分歧的事。

在職場服裝認知分歧這件事情上，女性的處境應該更加為難吧。而且女性前輩 vs. 女性年輕人這種同性之間的狀況更是麻煩。

相信不少女性前輩會煩躁地想：「指甲那麼長，上面還貼了一大堆鑽，這樣有辦法打字嗎？」

另一方面，年輕人也很可憐。由於選項增加，不知道什麼時候會遭到指責。說得誇張一點，就像是身處於不知道哪裡埋有地雷的戰場。

之所以會出現與職場服裝相關的壓力，是因為服裝休閒程度基準會根據不同公司、不同部門，甚至是不同主管，產生大幅變化。

基準模糊就是萬惡之源。

這麼一想，各位不覺得充滿無力感嗎？

怎樣是屬於辦公室便裝，怎樣是出局呢？

要是能夠制定某種程度的基準，應該就能消除不少煩躁。

煩躁消除法

根據企業或職場，有些公司會詳細制定服裝規定。

但是，這樣經常會出現「那指甲長度要幾公分才算OK？」或「靴子長度到哪裡算OK？」之類過於瑣碎的疑問。

重點在於，要讓大家對休閒打扮的安全範圍擁有共識，而不是為枝微末節的事情訂立規則。

再怎麼自由，都會有「不能隨便的部分」；再怎麼嚴肅的職場，都有「可以放鬆一點的部分」，只要大致規定這些事情並施行就行了。

將這個基準化為言語，傳達給年輕人之後，穿著像是要去野外抓昆蟲的服裝來上班的人想必就會大幅減少。

在這裡有一件事非常重要，那就是不要全由前輩的一己之見來訂立基準。要是換個人標準就不同，肯定會招致年輕人的反抗。

⑧ 咦？你在家上班，我卻要出勤……

前輩的煩躁

咦？今天也在家上班？不，我沒有要否定遠距工作的意思。只是覺得這麼常在家上班真的好嗎？畢竟在同一個部門裡，有人可以在家上班，也有人沒辦法，而且有些上頭的人不喜歡員工遠距工作。我都已經排除萬難，不情不願地來上班了……

年輕員工的真心話

明明說了可以遠距工作，我們公司卻充斥著一種很難申請在家工作的氣氛，是怎樣？要人排除萬難到公司上班，真搞不懂意義何在。明明在這種世道下，應該是管理階層要去考量下屬的安全與健康，盡量讓大家遠距工作才對，這不是本末倒置嗎？

受到新冠疫情的影響，遠距工作快速盛行。

在申請遠距工作這方面，我們能看見不同世代的積極度存在著落差。

「可以不要擅自做出『我們部門沒辦法在家工作』的結論嗎？」

「認為只有面對面才能溝通的人根本與時代脫節了，希望他們早點被淘汰。」

面對消極看待遠距工作的前輩世代，現在年輕人的批判可說是相當嚴厲。

確實有些前輩對於遠距工作感到很不習慣。但是，消極看待遠距工作的前輩之中，應該大多數人也想遠距工作，只是很介意一些不友善的聲音吧。

根據某項調查指出，到公司上班的人會對在家工作者產生以下想法：「不用通勤真令人羨慕」、「感覺在偷懶」、「無法取得聯繫，導致工作難以進行」、「遠距工作的人害自己工作負擔增加，覺得不公平」等等，對於申請遠距工作的人感到難以釋懷，使職場上洋溢著這種氛圍。

某企業中間管理階層就曾表示：

「人事部門中負責管理薪資的員工都不得不到公司上班，會計部門的部分負責人到了月底也要每天出勤，除此之外的其他員工幾乎都在家工作。來公司上班的員工之間開始出現『為什麼只有我們要到公司上班』的不滿聲浪，最近還有員工提出『如果無法遠距工作的話，請幫我調單位』的要求。」

有許多前輩因為這種麻煩的狀況而煩惱不已。因此看見只顧著主張自己的權利、一派天真地想要遠距工作的年輕人，就感到很煩躁。

「要是可以的話，我當然也想在家工作啊！可是也要考慮到整體的平衡吧。」就像這樣，前輩會考量到職場整體狀況而選擇出勤。

「你們是因為我的允許才能遠距工作，但我可是只要上頭的人出勤，就算不情願也要跟著出勤啊。」或像這樣，夾在主管和下屬中間左右為難，只能到公司上班。

雖然知道沒必要，但還是會因為揣測上意而選擇出勤。

這樣的前輩世代，真是可憐啊。

煩躁消除法

年輕人所感受到的煩躁，是在職場上地位較低，能夠自己決定的業務範圍較小，因而覺得申請在家工作困難重重。

而前輩所感受到的煩躁，是**雖然理解年輕人的心情，自己也想在家工作，但能夠做決策的經營階層大多對遠距工作抱持消極態度，因而左右為難。**

這可說是煩躁的千層派，雙方產生了雙重分歧。

雖說如此，我還是認為應該盡力推動遠距工作。

誠如大家所知，即便沒有遇到新冠疫情，企業活動的數位化也是當務之急。日本社會的數位化被說慢了別人好幾輪，實在是非常有必要推進。

因此，我們先一起來建立遠距工作的相關規則吧！

這麼做可以一定程度地緩和不公平感，也能夠得到經營階層的理解。像是一週幾次比較適當之類的，訂立規則後就會逐漸形成共識。就讓我們從這裡開始吧！

⑨就那麼討厭藉酒交流嗎？

前輩的煩躁

現在的年輕人都說討厭飲酒會，真的很難約。喝酒時可以討論工作的事，也可以聊工作以外的事。加深交流，才能夠幫助工作順暢地進行。話說回來，以前主管都是說一句「今晚去喝酒！」就強行把人帶走的，為什麼我得這麼照顧對方的心情啊？

年輕員工的真心話

也不是所有的飲酒會都討厭啦！我其實也有些事情想討教或找人討論。可是每次去喝酒，幾乎都是被說教，或是聽主管說自己的豐功偉業，我只能在一旁附和，而且之後一定會續攤。這樣根本只是在浪費時間。

根植於日本社會的飲酒會，也就是所謂的「藉酒交流」。

某項調查指出，認為藉酒交流沒必要的意見，首次超過了半數。依時間順序來看「沒必要」的比例，會發現在二〇二〇年以前增加的幅度較緩，之後就從二〇二〇年的45・7%暴增至二〇二一年的61・8%。

沒必要派的理由是：「要看臉色」、「感覺像是工作的延伸」、「自由時間太少」、「不想聽人抱怨工作」、「討厭愛說教的主管」、「會被愛喝酒的人纏上」、「不太會喝酒」、「當前輩在說自己的豐功偉業時，還得在旁附和」等等。

唉呀呀，舉出了許多討厭公司飲酒會的意見呢。

然而，最令人驚訝的是，認為飲酒會沒必要的比例，在每個世代幾乎都相同。**絕對不是只有年輕人討厭藉酒交流**，因為這份資料已經顯示出**「前輩也對藉酒交流抱持消極態度」**這項事實。

年輕人認為藉酒交流沒有必要的風氣，確實從以前就存在。

回到兩年前的二〇一九年十二月，當時Twitter上正盛傳著「#不參加尾牙」的標籤。可見早在新冠疫情之前，就已經陸續出現不想參加公司飲酒會的人了。

在新冠疫情的影響之下，這個意識逐漸擴散到前輩世代。如大家所知，盡量避免聚餐的生活持續了約兩年，藉由酒精交流的機會大幅減少。**就連接受飲酒會是一種必要之惡的前輩世代，也發現其實少了它也不會怎麼樣。**

沒必要派增加的另一個原因，在於「可能會被說是騷擾，很麻煩」這種規避風險的意識。喝了酒，防備心通常會降低。若是一不小心進行了不必要的說教，之後可能會演變成麻煩事。既然如此，乾脆就順勢取消公司的飲酒會。

另一方面，也有年輕世代對於藉酒交流抱持正面看法。

其中還有些年輕人不僅對同事之間的飲酒會抱持積極態度，也會參與有主管或長輩參加的飲酒會。這類年輕人覺得可以從前輩身上吸收到東西，像是與工作相關的情報、往後職涯規劃的參考等等。

可見雖然對於藉酒交流抱持消極態度的前輩持續增加，但也有年輕人持相反意見。

我認為，除了要更新一下藉酒交流的正確認知，還要知道一件事是不變的：**藉酒交流本身是個能讓大家與公司內外部夥伴加深情誼的有意義場合。**

煩躁消除法

因此，就讓我們多花點心思，舉辦一個健全的飲酒會吧！

重點有兩個。

第一，不是上班時間卻實質上強制參加的飲酒會，很容易遭到排斥。請於上班時間在公司內舉辦，並且從強制參加改為自願參加。在這種情境下發揮創意，才是大家所想要的吧。

第二，**前輩與年輕人喝酒時，嚴禁說教、長篇大論、說別人壞話、給予過時的建議、炫耀以前的豐功偉業。**請傾聽年輕人說話，並回答年輕人想瞭解的事情。要是能做到這樣，年輕人或許就會很樂意和前輩一起去喝酒。

煩躁因素　年輕員工生態解說

我不需要頭銜或職位，希望能擺脫不講理的上下關係

「課長剛才的想法還挺不錯的。」

有的年輕員工會對地位比自己高的主管說出這種話。

雖然很感謝他的贊同，但不覺得這種說話方式很令人煩躁嗎？

對現在的前輩來說，**在職場上到處都能聽到這種略微失禮的措辭。**

以前「對前輩要絕對服從」的上下關係，確實成了職權騷擾的溫床。

也許是因此產生的反彈，現在職場中相對平等的溝通變多了。

前輩世代應該也感受到了這樣的氣氛，所以非常留意，時常提醒自己態度不要太高高在上吧。

但這麼一來，是不是反而讓年輕人變得過於囂張了呢？這種煩躁感又油然而生。

對壓制行為過度敏感

壓制一詞，在格鬥實況轉播中經常被使用。後來衍生成在職場人際關係等人與人的相處中，試圖取得比對方更具優勢立場的行為，並被用於日常生活中。

「經理很愛來壓制我們耶。」

在年輕人之間，這種對話稀鬆平常。

乍聽之下會覺得沒什麼。但是仔細一想，經理的職等本來就比較高，大概壓根沒有想要去壓制或取得優勢立場的意思吧。

就像這個例子一樣，**現在的年輕人對於高高在上的態度非常敏感**。他們會對那些想展現「自己比較厲害」而賣弄知識並自說自話的人，表現出過敏反應。

另一方面，就像開頭的台詞一樣，他們會沒有惡意地對上位者用平輩的語氣說話。**對前輩來說，這還不到需要大聲責罵「不可以對長官這樣說話！」的程度，所以反而更加令人煩躁。**

明明對於別人的壓制很感冒，自己卻用平輩語氣對長官說話。看在前輩眼裡，肯定會覺得沒大沒小吧。

從封閉的縱向結構公司到開放的橫向結構公司

如同序章所述，現在的年輕人住在社群平台村社會。

社群平台上，可以輕鬆地和陌生人建立關係，使交友圈逐漸往橫向拓展。在那裡沒有年紀之分，不管是老闆還是員工，甚至不同國籍的人，每個人都可以建立關係。既沒有公司的封閉圍牆，也沒有職位的縱向關係。

因此，年輕人才會逐漸覺得不用太尊敬前輩和服從主管。

那麼，對年輕人來說，主管與下屬之間的理想關係是怎麼樣的呢？

既不是人生道路上的前輩與後輩，也不是師父與弟子。

他們期望的關係，是「夥伴」。

因此，他們不會盲目地依照主管或前輩的指示行動，而是傾向於和大家同心協力地完成「專案」。這種專案型工作模式，各位可以想成是為了某個目的而聚在一起的一群人，而非以組織為前提。

即便是主管，他們也希望對方能夠像互助扶持的夥伴一樣和自己相處。

在這種夥伴關係中，只有其中一方盛氣凌人，或是不去幫助遇到困難的人，都說不過去。更別提**會對不知該如何是好的下屬說「自己想辦法」或「不要什麼事都來問我」的主管了，他們會認為這種人是不及格的夥伴。**

從日本型雇用中誕生的牢固上下關係

讓我們稍微爬梳一下歷史吧。

首先，日本自古以來就存在著上下關係的概念。

一般認為，作為德川幕府官方學問的朱子學（儒教）、重視家長和長子繼承的日本家族制度，以及作為其後盾、於一八九八年施行的民法，這三個要素都對上下關係發展具有非常大的影響。另外，明治政府導入的上意下達教育制度也造成了一部分影響。

長子繼承的法令在第二次世界大戰之後廢止。但是，這種上下關係的概念已經成為日本社會根深蒂固的價值觀。

於是這項習慣，以高度經濟成長期的企業文化形式被繼承了下來。

那就是被稱為「Membership型雇用」的日本獨有人才雇用機制。勞資關係是在緊密的連結之下成立的，**並在封閉的公司之中，形成堅不可摧的垂直階級結構。**

假如主管提議：「這週六要來公司進行課內研習。」

在昭和時代的日本，下屬心中雖然會覺得奇怪，但也只能回答「好」。即使有些許的疑惑與不滿，也只能用「這是工作」來說服自己。

倘若這種情況發生在美國，下屬百分之百會回：「Why？」

這時就必須好好說明，讓對方清楚理解週六出勤的意義和目的。

掌握禮儀的意義和目的

戰後發展起來的日本型雇用，是世界上非常少見的雇用機制。

從這個意義上來說，顯然年輕人會比前輩還要更瞭解全球標準的觀點。

正因如此，我認為我們前輩必須好好區分並思考各式各樣的上下關係。當然，也需要有**「絕對服從主管」的規則已經不適用於現代**的自覺。

不過，我們沒有必要連「對上位者的禮儀」都一併蔑視。

在會議室上下座（48頁）、電梯禮節（56頁）的煩躁情境中也提過，我們還是應該重視禮儀和敬意。

但是，**只傳達表面形式的話，會難以獲得認同，這時就要好好傳達其意義和本質上的目的。**

第2章

「容易受挫又對稱讚不領情」的年輕員工使用說明書

總覺得很難搞……

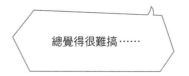

⑩為什麼會這麼容易受挫？

前輩的煩躁

提拔了一直非常認真努力的年輕人成為領導者，但是就在大約一個月後，他開始經常請假，不久之後就留職停薪了。或許是工作壓力太大的關係，但是當初他精神抖擻地堅定答覆「謝謝您！我會努力做的！」又算什麼呢？

年輕員工的真心話

能獲得提拔當然是一件值得高興的事，當初我是想好好努力的，也曾經自信滿滿……但是，職位提升後，工作上不順利的事情變多，才發現原來我只有這點能耐，連自己也開始覺得自己很沒出息……也許是之前太過逞強了。

以前，木村拓哉在藝人運動會上奪得賽跑冠軍時，曾經感慨地大喊：「木村拓哉可不是白叫的啊！」

可見木村拓哉本人一直都在用心維持擁有眾多粉絲的「理想木村拓哉」形象。

時下年輕人的狀態，和這種扮演某種角色的藝人很類似。

由於在社群平台上以客觀視角審視自己的機會增加，因此**「自己原本的角色」**和**「心目中理想的角色」**似乎分離了，這可以說是一種**角色靈魂出竅現象**。

直接目睹理想自己與現實自己之間的鴻溝，是一件難事。

當扮演著「工作幹練角色」的自己無法回應期待，就會看見那個「很遜的、未經包裝的角色」。

開頭的年輕員工就是最標準的案例。

他想要在職場上扮演工作幹練的角色。職位改變後，不順利的事情理所當然會變多，但是他沒辦法在他人面前展現出無法回應期待的現實自我。煩惱到最後，心理狀態就出問題了。

再介紹另一個完全不一樣的案例。

有一名公司新人在黃金週連假期間去墨西哥旅行，但是回程的航班卻停飛了。隔天就是上班日，一定得去上班才行，該怎麼辦才好……煩惱到最後，他竟然向其他還有航班的航空公司買了要價八十萬圓的頭等艙機票飛回國。隔天一如往常地來公司上班。

雖然這可能出自於他值得欽佩的敬業精神，但既然是遇到航空公司取消航班這種意外狀況，與其自己負擔八十萬圓這筆鉅款，難道不能找公司討論處理嗎？

想當然爾，公司主管知道後給予的反應是「要是事先聯絡的話，我一定會說晚一天回來沒關係啊」。這也是可想而知的。

尊重對方，並且努力不要辜負對方的期待，這絕對不是一件壞事。然而，**現在的年輕人卻始終在看人臉色，為了不讓對方失望，硬逼自己扮演能幹的角色。**

為什麼他們會不惜如此，也要扮演好自己的角色呢？那是因為，他們渴望得到認可的尊重需求，以及一定要保持上進的強迫觀念過於強烈。

尊重需求沒有獲得滿足↓不能展露出原本的自己↓扮演理想角色↓無法承認自己辦不到↓過於逞強而積累壓力。

有愈來愈多的年輕人陷入這種惡性循環。

煩躁消除法

不想被尊重需求牽著鼻子走的話，在適度顧慮他人的同時，也要擁有能夠互相自我揭露的對象。只要建立一段能夠坦率展露自我的關係，尊重需求就會得到滿足，無需再進行過度的角色扮演。

要打造出讓年輕人無需扮演角色的環境別無他法，就是提供他們**「心理安全感」**。詳情會在終章進行解說（251頁）。

⑪ 為什麼大力稱讚，對方反而一臉尷尬？

前輩的煩躁

最近的年輕孩子尊重需求很強，所以必須一直稱讚，他們才會進步。果然獎勵才是動力來源啊！有了自信的話，能力應該會更加提升。我這麼想，於是在員工大會上大力表揚了他一番，但是為何他看起來反而一臉尷尬呢？

年輕員工的真心話

拜託放過我吧！雖然不是不高興，但是這樣大力表揚也很令人困擾。該怎麼說，是太誇張了嗎？搞得好像我很想受到大家吹捧一樣，真是太糟糕了。唉，明天開始又得顧慮前輩的心情了……有夠麻煩的啦！

年輕人的尊重需求很強，這一點並沒有錯。

但對於必須大力稱讚這一點，其實雙方的認知有點差異。

看到這裡，有些前輩世代或許會瞪圓眼睛，發出「咦？」的一聲，就像開頭情境中不解年輕人謙遜態度的前輩吧。

若是以為「必須給予更多讚揚，讓對方建立自信」，雙方的認知差異將會愈來愈大。

年輕人的尊重需求，比前輩所想的還要複雜得多。

序章也提過，社群平台的發達大大改變了年輕世代的意識。

現在可以藉由社群平台展現自我，但另一方面，要是展現得太過度，也會在社群平台上被撻伐，也就是遭到「炎上」（譯註：原意是火焰燃燒起來，後來泛指一個人在網路上失言或引起紛爭，而遭到網友猛烈攻擊）等網路上的誹謗中傷。

而且，社群平台所造成的負面影響愈來愈顯著。

總而言之，現在的年輕人活在**想受矚目、但太受矚目會身陷危險**的網路環境之中。

所以為了迴避風險，他們隨時都在留意避免樹大招風。

而這種在社群平台上迴避風險的習慣，不知不覺間也在職場流傳開來。某間企業的經理就曾說：「**最近的年輕人都不喜歡接受業績表揚。**」據說是因為他們不想成為出頭鳥，被人在背後說三道四。

我還在Recruit任職時，公司裡經常出現這樣的光景：在華麗的聲光效果中站上頒獎台，感慨萬千地說：「我一路努力至今，就是為了站上頒獎台。」並發表熱情的演講。

Recruit的風氣可能有點與眾不同，不過達成目標後沐浴在聚光燈下這件事，在過往大部分的職場上都發揮著「胡蘿蔔」的功能。當員工達成目標，公司就會給予盛大的讚賞。

然而，現在的年輕人已經對這種激勵方式不領情了。

對於前輩世代來說，除了感到煩躁外，應該也會落寞地心想「真希望他們能坦率地感到開心」吧？

煩躁消除法

覺得對方表現很好於是大力表揚，然而對方的反應卻不是很開心。

這個現象，或許是「不知道現在的年輕人在想什麼」這類煩躁的典型案例。

雖說如此，也不能因此就不表揚他們。

他們只是不喜歡前輩在眾目睽睽之下表揚自己的優秀表現罷了。套一句現在年輕人常說的：「**在只有自己人的場合簡單表揚就好。**」

舉例而言，在部門內的會議上或是一對一面談時簡單地給予讚賞；也可以用電子郵件或通訊軟體傳遞讚賞的訊息。

雖然樸實無華，但用這種方式就能悄悄地滿足年輕世代的尊重需求了。

⑫太常稱讚的話，效果會變差吧？

前輩的煩躁

說什麼自己是被稱讚才會進步的類型……現在的年輕人還真敢說啊。唉呀，我知道他們有很強烈的尊重需求，也覺得愛的教育是必要的。但是太常稱讚的話，效果會變差吧？遇到關鍵時刻再大力表揚，才會有效果啊！

年輕員工的真心話

說什麼為了避免效果變差，只在關鍵時刻給予讚賞……我們才不想要那種和龜派氣功一樣的表揚呢。反倒是當我報告「那件事我已經處理好了！」，主管卻看都不看一眼，只回一句「喔」或是反應冷淡，才會令我幹勁全失。

上一個煩躁情境中，提到年輕人並不喜歡浮誇的表揚（92頁）。

而這一節的焦點則是雙方在稱讚頻率上的認知差異。

「一天到晚稱讚對方的話，會失去效用吧？」前輩世代中老一輩的昭和時代大叔，經常開口閉口就是這句話。

在關鍵時刻大力表揚＝「大力稱讚×少量」。

前輩世代是不是多少都覺得這種表揚方式很有美感呢？

然而，現在年輕人對讚賞的常識已經產生了極大的變化，這也是社群平台發達所造成的影響。

社群平台上，年輕人常常想也不想地就在朋友的貼文底下按「讚」。所以在他們的觀念裡，**「微小讚賞×大量」才是常態**。

無論內容是什麼，只要自己發布了貼文，一般來說都會獲得一些回應；反過來說，要是完全沒有回應，他們就會感到莫名不安，開始懷疑自己發布的東西是不是有問題、大家是不是覺得很奇怪？因此，他們會幾乎是反射性地對朋友的貼文按讚。

換言之，互相按讚其實就是一種禮儀，於是形成了按讚社交界。顧慮朋友感受的讚大幅增加，導致讚氾濫成災。

年輕人按讚，只代表「我看過了！」這種類似簽名的意思而已。

而即便是這樣的「讚」也想得到，已經成為年輕人的天性。無論是好是壞，讚就是一種增強尊重需求的裝置。

這種社群平台的社會習慣，被現在的年輕人帶進了職場。他們有著凡事都要按讚的心理預設，所以在職場上也想得到「日常的微小稱讚」。

更進一步地說，還不到稱讚程度的「微小感謝」就已經很有效果了。

舉例來說，當年輕人來報告、聯繫或商量事情的時候，一定要給予他們「稍微多一點」的回應，至於內容是什麼都無所謂。

可以誇獎對方「愈來愈進步了」，或問一句「很辛苦吧？」去同理對方，也可以說「真是幫了我大忙」向對方表達感謝。

煩躁消除法

年輕人所期望的**稱讚方式是「量勝於質」**，就是這麼單純。

在稱讚方面，前輩世代應該捨棄自己過往的經驗與美感，進行版本更新。

在此傳授各位一個稱讚的訣竅。

稱讚人的時候有一句魔法話語，那就是「我就知道」。

例如：「我就知道你能做到」。加上「我就知道」這幾個字，對方就會心想「原來你平常就是這樣看我的？」而加倍開心。

簡而言之，就是將「主管平常就一直關注自己」的意涵濃縮其中，並以此作為誇獎的重點。

請大家務必試著用看看。

⑬偶爾失敗一下不會怎麼樣吧？

前輩的煩躁

最好趁年輕時多犯點錯。俗話說「失敗為成功之母」，探究失敗的原因並活用從中學到的教訓，才能繼續迎接新的挑戰。可是，現在的年輕人都太害怕失敗了。我倒是希望他們多體驗幾次失敗的經驗啊。

年輕員工的真心話

有些事情必須嘗試過並遭遇失敗才會懂，所以就放手去做做看吧！不不不，明明事前就知道會失敗，為什麼還非得去做不可呢？這不是在整我嗎？我是覺得，如果早就發現問題，事先和我說明才合乎道理吧。

各位知道企鵝先鋒這個詞嗎？

企鵝先鋒是指，在集體行動的企鵝群中，第一隻跳進可能有天敵存在的海中捕魚的企鵝。

而像那隻勇敢的企鵝一樣，不畏風險、秉持著冒險精神第一個去挑戰某件事的人，在美國就被尊稱為「First Penguin」。

前輩經常會要求年輕員工具備這種態度。

也許是因為這樣，才會常常聽到前輩世代感嘆「現在的年輕人都極度害怕失敗」。從最近的調查報告等資料中，也能看出年輕員工是缺乏挑戰精神的。

- **前輩＝失敗也沒關係，但不要害怕去挑戰**
- **年輕人＝不想遭遇失敗，所以不敢隨便去挑戰**

前輩世代和年輕員工之間的鴻溝，似乎愈來愈大了。

背後有兩大原因。

第一點，是年輕人的成長環境。

在序章也提過，現在小孩子的學校教育已經全面性地變輕鬆。

或許是因為在沒什麼競爭、溫室般的環境中被細心呵護地養大，現在年輕人普遍較敏感脆弱（當然也有堅強的年輕人。這裡只是希望讓各位理解大局，所以用相對的解釋進行論述），**對於失敗、受責備、丟臉這些事情的耐受度驚人地低。**

第二點就是前面也提過很多次的，不想受人注目的意識。

年輕人採取行動時，總是會隨時留意著被人監視的風險。

過度展現自己＝太過引人注目就會遭到炎上。年輕人生活在彼此監視的社群平台社會村，於是形成了這種自我意識。要是特立獨行，就會引起過度的關注。他們之所以會在需要採取積極行動的事情上自己踩剎車，就是為了避免這種情況。

就我的經驗中，很多事情是經歷過失敗才學會的，所以我也和許多前輩一樣，認為最好趁年輕的時候盡量去挑戰各種事情，然後體驗失敗。

正因如此，這份煩躁才會是一個相當根深蒂固的問題。

煩躁消除法

再怎麼對年輕人說不要害怕失敗，他們還是非常不想遭遇失敗。

要改變這個價值觀相當不容易，這裡提供各位兩個切入點。

根據某項調查結果顯示，新進員工對主管抱有的期待中，第一名是「願意傾聽對方的意見和想法」，第二名是「一對一仔細指導」。

前者就是已經在好幾個消除煩躁方法中提過的，提供對方「心理安全感」的「傾聽」態度。換句話說，就是**創造出年輕人可以展現真實自我的環境**。

後者則是**協助他們進行挑戰**。不要只是說一句「失敗也沒關係，去挑戰吧！」然後全部丟給他們，應該稍微給出具體的指示，激發年輕人的挑戰意願。

如果沒有野生的企鵝先鋒，就只能培養出企鵝先鋒了。

⑭這我之前說過了吧？為什麼說了這麼多次都不改呢？

前輩的煩躁

是人都會失敗或犯錯，只要能從經驗中學習就好。雖然我是這麼想的，但是看到對方不只一、兩次，而是不斷重蹈覆轍，還是會感到不爽。已經提醒好幾次了，相同的錯誤還是不斷發生，難道是我的表達方式有問題？

年輕員工的真心話

被提醒過很多次還是一直犯同樣的錯，我也覺得很抱歉。但是可以說句實話嗎？每次被提醒的時候我都在想，這件事有那麼重要嗎？

每個人在成長過程中都會遭遇失敗或犯錯。

就如同前一個煩躁情境中所說，我們前輩世代甚至會希望膽小的年輕人「再多經歷一些失敗」（100頁）。

然而，就像開頭的案例一樣，要是反覆提醒好幾次還是一直出現同樣的錯誤，難免會令人感到灰心。

例如：嘴上說著「非常抱歉」，實際上卻看不到對方採取什麼具體的改善行動。

如果是這種情況，可能是因為**年輕人對於犯錯這件事「有自覺」，但和前輩所期待的「自覺程度」有所落差**。

讓我們以遲到的例子來思考看看吧。

問大家「遲到是好事還是壞事？」的時候，（大概）沒有社會人士會舉手說「遲到是好事」。但是對於「遲到多久是可以原諒的」，每個人的認知落差應該相當大。

秉持「比約好的時間提早三十分鐘來到集合地點附近，絕對不能遲到！」原則的人，和認為「比約好的時間晚了五分鐘左右不算遲到」的人，兩者對於遲到的認知程度就存在相當大的差距。

因為後者的觀念是「晚到五分鐘還在容許範圍內」，所以即便提醒對方「不能遲到」，狀況也完全得不到改善。

換句話說，即便對方本人知道自己的行為是錯的，但認知程度和前輩沒有在同一個水準上的話，他們就不會做出符合前輩期待的改善行動。

那麼，**為什麼雙方對於犯錯的認知程度會有這麼大的差距呢？**

這就是現在年輕人麻煩的地方。認為無知很丟臉而不太願意自我揭露的人，特別不善於發問。

他們認為如果問了這種問題，別人會看不起自己，覺得自己竟連這種事都不懂。這種價值觀無疑是導致他們幾經提醒還是會繼續犯相同錯誤的原因之一。

既然年輕人不擅長透過自主行動去琢磨失敗或犯錯的程度，就只能由前輩主動告訴他們不合格的基準了。這個方法和後面會提到的憤怒管理是共通的。

煩躁消除法

當年輕人犯錯時，他們會如何看待自己犯下的錯誤呢？說得更明確一點，他們是用什麼標準去看待的呢？

只要瞭解這一點，就能獲得很大的啟發，幫助各位想出從根本上改善問題的方法。一定要踏出這一步，去聽聽他們的想法。

首先，**就從確認年輕人認為「有必要」改善的認知，是否到達「前輩期望的程度」開始吧**。

雖說如此，即便問出來了，年輕人的問題意識和行動改善程度，或許還是很難一下子到達前輩所期待的標準。

就讓我們一步一步慢慢來，具體地磨合改善程度吧。

⑮為什麼不早點來找我商量？

前輩的煩躁

已經快到交期卻沒有任何進度報告。詢問了一下狀況，才發現事情完全沒有進展。我是覺得管太多也不好，所以才保持觀望態度默默等待的，有問題還是可以來找我商量啊。這下子不就完全趕不上交期了嗎？該怎麼對客戶交代才好……

年輕員工的真心話

說什麼商量，可是他看起來一直很忙，也幾乎不在座位上啊。難得在座位上的時候，又總是皺著眉一臉嚴肅地盯著電腦。之前也是，我鼓起勇氣去找他商量事情，結果對方板著一張臭臉，散發出不想被打擾的氣場。這樣誰會想去找他談事情啊。

「現在的年輕人，都不會來報聯商（報告、聯絡、商量）呢。」

這是很常從前輩世代口中聽到的意見。

但是，將報聯商拆成細項來看，就會發現其實各項性質有所不同。

報告：告訴主管或前輩工作的進度或結果。

聯絡：讓相關人士或主管等人瞭解工作的資訊或接下來的行程。

商量：發生問題時向主管、前輩或同事尋求建議。

大家常把這三者視為一體，但其中的「報告」和「聯絡」是相對輕鬆的溝通，而「商量」是只有在有問題需要解決時才會需要的溝通。因為這幾乎算是負面溝通，勢必會比較沉重。

以前輩的立場來看，正因為沉重，才希望對方早點來談；但是以年輕員工的立場來看，也正是因為沉重，才會躊躇不前。這之間的差距就是造成前輩煩躁感增強的原因。實際上，關於報聯商的煩躁，大多都來自於「商量」。

進行主管教育訓練時，詢問各位有沒有過這樣的想法：「拜託在事情演變成這樣之前早點來找我商量啊……」百分之百會得到「有」的回答。

但是，問這些小主管：「各位自己遇到問題的時候，會及早去找主管商量嗎？」大部分的人卻都會回答「自己也沒做到這一點」。透過這個問題，他們才幡然領悟，為什麼自己的下屬或後輩不來找自己商量事情。

問題的核心就在於**「難以搭話的氣場」**。

前輩世代在與自己的主管相處時，也親身體驗過和開頭的年輕員工真心話一樣的情境。只要意識到連自己也覺得有些主管難以搭話，就會察覺原來自己之前一直在散發負面氣場。有不少前輩世代都是這樣。

當「別來找我講話」的氣場不斷疊加，下屬的心就會愈離愈遠。然後，當他們遇到問題，來找你商量的時間就會愈來愈晚，最後導致自己走投無路。這樣的惡性循環，前輩們應該或多或少自己心裡有底。

雖然知道卻遲遲沒有改善的原因，還是在於忙碌。

所以**工作愈繁忙的前輩，愈容易散發出這種不好的氣場**。

煩躁消除法

如果想讓年輕員工願意來找自己商量事情，只能消除自己的負面氣場，別無他法。

介紹一個可以立即消除難以搭話氣場的方法給各位。

那就是**訂立「商量OK時段」和「專心時段」**。

要是能將「現在隨時可以來找我商量事情」以及「抱歉，現在我想專心處理事務」的狀況分享給身邊的人知道，這個問題就能解決大半。

某間企業會把主管的現況做成標誌，公告在辦公桌上。如果處在商量OK時段，主管當然就不太會散發出難以搭話氣場，下屬也能放心地去找主管商量事情。

這個方法極其單純，卻非常實用且有效。

⑯心靈很容易受傷，不能嚴厲責罵……

前輩的煩躁

我訓了一下某個犯錯的年輕人，結果對方看起來非常受傷。然後，隔天就開始請假不來上班了。咦？我覺得自己沒有說得很嚴厲啊？當下屬犯錯的時候，糾正他們是前輩的職責。可是現在的年輕人實在太玻璃心了……到底該怎麼訓話才對……

年輕員工的真心話

對於犯錯我感到很抱歉。可是，也不需要講成那樣吧？而且在辦公室裡、在大家面前被責罵，根本是公開處刑吧？難道不能至少到會議室之類的地方一對一談話嗎？

只要話稍微說得重一點，年輕人就會感到很受傷。一個不小心，還會直接導致對方提離職。於是，面對不習慣受責備的年輕人，前輩開始感到畏縮，不知不覺間變得像在處理易碎物品般小心翼翼。但即便處處顧慮，還是很容易因為一點小事被貼上職權騷擾的標籤。

糾正年輕人的錯誤，在現代可說是一觸即發的困難溝通。

正因如此，我們前輩才要學會正確的訓話方式。從迴避風險的觀點來看，這件事也是極為重要的。

首先，各位覺得一個人爆發怒火後，衝動的情緒會持續多久呢？

據說只有短短的六秒。

因此感到憤怒的時候，請先停下來六秒。藉由這個六秒法則，憤怒的衝動就會大幅平息。經過六秒讓頭腦稍微冷靜下來之後，再來判斷是否應該生氣。

要是冷靜思考過後，覺得這件事不值得動怒，就可以避免無謂的憤怒。

相對地，要是過了六秒再仔細想，還是覺得應該生氣，那生氣也無妨。

不過，這時候的生氣方式應該會相當不同。因為平息憤怒的衝動後，狀態會從「出於情緒的怒罵」變成「冷靜地訓話」。

另外，就和開頭的煩躁情境所說的一樣，**訓話的情境也非常關鍵。**就像前面年輕員工的真心話中提到的，嚴禁在公開場合訓話。**就算要訓話，至少也要在一對一的時候。這就是在意旁人目光的年輕員工的切實心聲。**

舉一個我在組織開發研究的案例。

當時我們正在調查一家全日本擁有約七十間分店的餐飲連鎖企業的職員留任率。發現一年內完全沒有任何員工離職的分店只有兩間，其共通點是都由女性擔任店長。繼續深究下去之後，又發現另一個共通點，兩位女店長的小孩也在店裡打工。

詢問過後才得知，這兩位身兼母親的店長都很在意「在大家面前罵自己的孩子，會讓職場氣氛變差」這件事。因此，當她們要對自己的孩子訓話時，都會把人叫到後院進行個別指導。

但是顧慮到不能只給自己的孩子特殊待遇，於是兩位女店長都養成了一對一糾正員工錯誤的習慣，不會在大庭廣眾之下訓話。

一年內完全沒有人離職的原因或許不只這些，不過這是兩間店唯一的共通點。這個案例給我們的教訓，就是不要公開處刑。

煩躁消除法

把「怒罵」改成「訓誡」，是來自憤怒管理的教誨。關於憤怒管理的精髓，會在終章進行解說（266頁）。

這邊順便針對六秒法則做一點補充說明。

其實六秒的體感時間意外地長，建議大家運用一點小技巧來撐過這六秒。

舉例來說，可以試著為自己的憤怒打分數；或是事先設定好在動怒的瞬間要念誦的冷靜詞彙（推薦用寵物的名字之類的）。

只要準備好一個能幫助自己撐過六秒的例行事項即可。

⑰不能說重話，委婉表達又聽不懂

前輩的煩躁

啊，心情好沉重。明天就是考核結果面談了。和績效不錯的員工面談時，我自己也會很高興，但是想到要和績效差的員工面談就提不起勁。尤其是現在的年輕人又禁不起打擊，真的很令人費心。說得太直接會讓他們受傷，但是繞著彎委婉地說，他們又聽不懂。

年輕員工的真心話

啊，心情好沉重。明天就是考核結果面談了。這次的評價結果應該會不太好，肯定又要被單方面數落了吧。真的很令人灰心。我也知道自己表現不好啊，不要光會數落人，給我一些改善的建議嘛……

聽到考核結果面談的時候，各位腦中最先浮現的，應該就是開頭情境所提到的人事績效面談吧？

要向績效不錯的員工傳達考核結果相對簡單，而且傳達好消息時自己也會感到高興。問題在於，要對考核結果不好看的員工進行回饋的時候。

一如這個煩躁情境的標題，有經歷過「說得太直白對方會受傷，但是委婉地說對方又聽不懂」這種煩惱的人應該相當多吧？我也是其中之一。

另一方面，**接受回饋的一方也很有壓力**。

詢問大家對於績效面談等回饋面談的印象時，有一名年輕員工就苦笑著說：「講好聽是回饋，說白了就是數落吧？」也出現了很多「換個說法就是『究責大會』吧」、「在傷口上撒鹽的面談」這種自嘲的評論。

唉呀，看來名聲不怎麼好呢。

其實，這種情況並不是只發生在年輕員工身上。

如今在職場上多半擔任傳達回饋角色的前輩世代，當然也會受到來自上級的回饋。雖然這是我根據自身經驗得出的主觀看法，不過我發現「職位愈高的人，回饋就愈隨便」。

俗話說：「己所不欲，勿施於人。」但是，**我們自己也默默承受著上級的嚴厲評論，為什麼卻得照顧年輕人的感受呢？**

相信不少前輩就是因此感到煩躁吧。

然而，為了促進新世代年輕員工所期望的「成長」，回饋仍然是一種不可缺少的溝通方式。

反過來說，要是能夠提升回饋的技巧，就能夠將年輕員工引導至正確的道路。當他們獲得成長，自然就能減輕我們這些前輩的工作負擔。正因如此，我們更應該在回饋這件事上下工夫。

煩躁消除法

傳達負面消息的訣竅會在終章進行詳盡的解說（274頁），這裡就先教大家幾個要點。

那就是，**不要傳達「你訊息」，而是傳達「我訊息」**。

以「我」為主詞的說話方式稱為「我訊息」；而以「你」為主詞的說話方式則稱為「你訊息」。

你訊息會給人「你應該這樣做」這種斷定的感覺，讓對方覺得自己受到責備。

相較之下，傳達「我的看法是這樣」、「我是這麼覺得」這種我訊息，能讓對方受到責備的感覺減輕許多，所以會更有效果。

舉例而言，不要說「一天竟然約訪不到十個人，你太誇張了吧」。

改成說「一天約訪不到十個人，我覺得很可惜」，對方應該會更容易接受。

煩躁因素　年輕員工生態解說

我當然希望得到認可，但不想太引人注目

最近年輕人的尊重需求都很強，為此我特意盡量稱讚他們，但是他們看起來並沒有很開心。

另一方面，我擔心他們會玻璃心，都不敢太嚴厲。可是溫和的指導他們聽不懂，話說得稍微重一點又會受挫。

在前輩眼中，現在的年輕人是一種難以理解的生物。

因為難以理解，與他們相處時就變得像在處理易碎物品般小心翼翼，結果更難拉近

距離……

「啊，怎麼這麼麻煩啊！」耳邊彷彿可以聽見前輩的這句感嘆。

總覺得別人家的月亮比較圓

在日本年輕人之間流行的「高意識」一詞，其實帶有一點揶揄人的意思。（譯註：「高意識」原本是用來形容積極上進、隨時都在精進自我的人，現在意思卻逐漸演變為光說不練、虛有其表的人。）

具備高度意識，本來應該是一件好事才對，現在卻變成有點負面的詞語。

其中一個原因，是因為最近社會上這種高意識系的訊息量暴增，大家已經厭倦這些人傳遞的內容了。

另一方面，高意識發文會刺激人產生「我也必須提高意識才行」的強迫觀念。於是人們開始把自己的境遇、充實度或是幸福度，也就是現實生活充實的程度，拿來與他人做比較，變得容易認定自己是相對無聊的人。

這麼一想，就能知道**社群平台是一個會讓「別人家的月亮比較圓」這種人類心理增強的裝置**。

於是，人們為了提高自我肯定感，就會想展示自己「充實的現實生活」給別人看。

然而即便如此，大家還是不太敢沒頭沒腦地把炫耀現實生活的內容發出去。

要是不經大腦地發出去，結果被別人說「又在展現自己生活很充實了」、「高意識（笑）」、「炫耀自己和別人不一樣，煩死了」就完蛋了。

雖然非常想要獲得朋友的認可，但**過度展現自我反而會遭到抨擊。這就是年輕人最大的恐懼**。

正因如此，他們才會隨時留意被人審視的風險，發出能得到恰好程度的讚的貼文。

換言之，現在的年輕人被迫得練就極為困難的溝通技巧。

模糊視聽的自我展現

例如：「暗示」這種發文技巧。不直接把事實講出來，而是刻意安排一些提示，讓觀看者能夠隱約察覺事實的行為，經常被用在戀愛關係上。

舉例而言，在社群平台或部落格上不明言自己有男女朋友的事實，而是藉由發布牽手照等內容，間接暗示自己有交往對象。

因為不能太過張揚，**就用模糊視聽的方式若無其事地炫耀**。

「暗示」就是基於此被創造出來的發文模式。

另一方面，「模糊視聽」的價值觀促進了自我主張的溫和化。

「偏不行的可以（ナシよりのアリ）」、「偏可以的不行（アリよりのナシ）」，各位有聽過這種用來表達評價的日本年輕人用語嗎？

不直接認定是好是壞，將自我表現變得模糊，讓任何事都留有解釋的餘地。這種溝通方式，也是他們以會被人審視為前提而發展出的獨特處世哲學吧。

自己也不清楚自己真正的樣子

雖然想被表揚，但是不想太引人注目。因為這種糾結的心理，導致年輕人的真實面貌愈來愈難理解。

而讓這種情況加劇的，是他們的角色扮演意識。

就如同在「為什麼會這麼容易受挫？」（88頁）這個煩躁情境中提過的，**現在的年輕人會在社群平台上分別使用好幾個帳號，藉此設定自己的角色。**這使得他們很嫻熟於扮演心目中理想的角色，而對自己原本的角色置之不理。

說得更準確一點，他們在無意識中養成了習慣，有時候甚至沒有自己在扮演角色的自覺，以為從現實中的自己分裂出的理想角色就是真正的自己。

既然連他們也搞不清楚真正的自己，身為前輩的我們當然更不可能瞭解了。

別錯過「微弱的求救信號」

認為一定要維持高意識才行的年輕人，不擅長直接示弱。就算狀況不好，也不會找身邊的人商量。

即便如此，是不是有很多年輕人會像是自言自語一樣，把「啊，太糟糕了」、「不行了，好累」掛在嘴邊？下意識地扮演理想角色的年輕人，也會下意識地發出這種微弱的求救信號。

會說出這些話，十之八九是他們希望別人同理自己辛苦的「想被關注心理」在作祟。但是因為本人沒有意識，即便看不下去的同事或主管開口問道：「還好嗎？怎麼了？」他們也會回答：「什麼都沒有，我沒事。」

當然，基本上都不是真的沒事。

現在年輕人的自我意識，在因社群平台而增強的「尊重需求」與「揣測旁人心理的意識」之中搖擺，再加上「角色的靈魂出竅」，造成他們變得如此難懂。

這時候，我們前輩能做的，就是若無其事地滿足他們的尊重需求，並把握住他們發出的微弱求救信號。

為此，就要在職場上仔細觀察他們。

說到底，第一步就是要對年輕人產生興趣。只能從這一點開始了。

第3章

「很愛問做這件事有什麼意義」的年輕員工使用說明書

開口閉口都是生產力和CP值，
到底多討厭浪費時間？

⑱ 一定要從頭到尾說明清楚才會懂嗎……

前輩的煩躁

我拜託他影印下午開會要使用的文件，提報用和佐證用的詳細資料共兩件，各印十份。拿到印好的資料後發現，全部都印成Ａ４大小了？資料文件的字級很小，印成Ａ４很難閱讀，可以的話我希望能印成Ａ３大小。一定要說明到這個程度才會懂嗎？

年輕員工的真心話

被交代去影印資料，於是我就照著指示做了。又沒有事先和我說尺寸的問題，如果一開始就這麼說，我當然會印大張一點啊。搞得好像是我的錯一樣……

就連影印文件這種簡單的事情，也很容易產生誤會。**前輩認為「這點小事應該自己判斷」，年輕人卻認為「不說怎麼知道」**。為什麼會出現這種認知上的落差呢？

前輩之所以會覺得「這點小事應該自己判斷」，是因為前輩一路走來養成的工作習慣。這個世代的人工作時總是在揣摩主管腦中的想法，所以認為心有靈犀一點通是最理想的形式。具備揣摩他人想法的能力，就是優秀商務人士的證明。

另一方面，為什麼現在的年輕人會覺得「不說怎麼知道」呢？

這一點也和數位工具的進化有關係。

由於現代網路發達，上網搜尋就可以找到問題的答案，所以需要發揮想像力思考的機會就減少了。

據說在很久很久以前，人類發明了語言，接著又發明了文字之後，原本具備的第六感就退化了。聽起來很誇張，但現代社會難道不也受到了類似的衝擊嗎？

讓我們站在這個觀點上，再重新看一次開頭的煩躁情境吧。

對這位年輕員工來說，影印文件就是「業務的最終目標」。至於這份文件是要用在什麼場合？用來做什麼？他缺乏想像其真正目標的視野。

然而如同前述，對現在的年輕人來說，想像力根本是一種超能力。

我們這些前輩與年輕人相處時，或許應該以此為前提。

前輩期盼「這點小事應該自己判斷」，但對年輕員工來說根本不是「這點小事」，在某種意義上這已經到了「心電感應」的程度。

如此一來，想要稍微減輕「一定要從頭到尾說明清楚才會懂」的煩躁感，就只能向他們說明想像力的重要性了。

不要只照著字面上的意思行動，先理解、消化一項工作的意義之後再行動，才是根本的做事方式。為此，必須想像這個工作是為什麼而做？真正的目標是什麼？

好好說明這個觀念，以後就不用所有事情都要從頭到尾說明一遍，只要說個六成，年輕人大概就會知道該如何行動了。

煩躁消除法

「追本溯源」的習慣，能有效幫助我們想像工作的目標。

例如：為什麼要影印？是誰要用？

這樣思考下去，就能逐步接近字面上看不出來的原始目標。

這份工作有什麼意義？別人對自己有什麼要求？

如果能夠想像出工作的整體樣貌，對工作的態度應該也會有所改變。

也許剛開始會不習慣，但請不厭其煩地重複為他們進行追本溯源的訓練。

⑲真的只會依照字面上的要求做事……

前輩的煩躁

收到先前交代下屬做的報告，結果發現總結部分是空白的。我之前的確是對他說過「最後由我來總結就好」，因為把統整這次報告的任務交給他還為時過早。不過，還是希望他能有一點「試著自己做做看」的想法啊……

年輕員工的真心話

不不不，說什麼我只會照字面上的要求做事……我都正常地照著指示完成並繳交了，還對我不爽，真的很令人不解。希望我寫的話，在交代我製作報告時，直接和我說「試著寫寫看總結」就好了嘛。這樣我就會試著寫了啊。

「只會依照字面上的要求做事，真的很不機靈。」

很常從前輩世代口中聽到這類對於年輕員工的抱怨。

另一方面，看到「我明明已經照做，還莫名其妙被罵」這句在年輕人腦中打轉的話語時，也覺得年輕人確實比較有理。不過那股難以釋懷的煩躁感還是沒有消失。

為什麼我們這些前輩，會希望他們做得比指示還多呢？

這份心情和前一篇「一定要從頭到尾說明清楚才會懂嗎……」（128頁）一樣，來自於前輩一路走來養成的工作習慣。

前輩世代年輕時，可以藉由主動額外多做一些事情來獲得賞識。不斷額外做到更多事，就會被認定為「能幹的人」、獲得他人信賴。所謂的評價，就是靠這樣得來的。

前輩有著這種根深蒂固的價值觀，自然會對下面的世代抱有同樣的期待，並因此覺得依照指示做出來的東西只是最低標準的成品。

回應期待是理所當然的，應該要超出期待——

前輩世代希望年輕人用這種方式工作，並認為這也對年輕人有幫助。

然而，**有多少前輩在交付工作時，好好傳達這層用意呢？即便心中的想法是好的，光憑如此也無法讓現在的年輕人理解，導致結果非常遺憾。**

本書反覆提到，要站在年輕人的立場、使用理性表達讓他們知道這件事有所助益。在這種煩躁情境中，這個辦法應該最能發揮效用才是。

反之，相信不用說各位也知道，質疑對方幹勁和認真程度的溝通，會造成完全相反的效果。

以年輕人觀點來看，這麼做的好處不只有能獲得賞識和成長而已，還有另一個對他們來說更切身的好處，那就是「工作的順手度」。

現在的年輕員工非常希望工作上可以有自由發揮的空間，不想受到過度干涉，因此我認為從這一點切入溝通是最有效的。

煩躁消除法

關於「站在年輕人的立場、使用理性表達讓他們知道這件事有所助益」，還會在終章的「建立工作目的的共識」（270頁）進行解說，這裡就先簡單提個重點。

必須以年輕人的視角，翻譯出他們能享受到的好處。

舉例而言：貼心地額外多做一點事→獲得工作能幹的評價→建立信用，讓人覺得可以在某種程度上任你自由發揮→減少確認進度和微觀管理→可以依照自己的步調工作，工作起來更順手。

請各位試著用這種連鎖效應去說明看看。

⑳希望他們能先自己思考看看……

前輩的煩躁

我交代他去收集某個案件的資料，結果他問：「我是第一次做這個，請問要查哪些資料才好？」為了推進這個案件需要什麼資料？我就是希望你從這裡開始想啊。最近的年輕人總是急於得到答案，真希望他們能先自己思考一下。

年輕員工的真心話

所有事情都自己想，不是很浪費時間嗎？想得簡單點，如果有答案的話，先告訴我一定會更有效率啊。

「我不會教人怎麼握指叉球，有需要的話自己看著學就好了。」

我記得以前有一位職業棒球選手在報紙的專訪上，針對自己的決勝球如此說道。

或許這是一個極端的案例，**不過在以前那個年代，確實沒什麼人會仔細教導別人怎麼做事。**

主管或前輩交代工作時，只會不由分說地下達「總之你就試試看」這種隨便的指示。新進員工藉由觀察、模仿前輩來學習如何做事，被認為是理所當然的。

在這個情境下我們從急於知道答案的時下年輕人身上所感受到的異樣感，和「一定要從頭到尾說明清楚才會懂嗎……」（128頁）、「真的只會依照字面上的要求做事……」（132頁）的煩躁結構基本是一樣的。

首先，是自己的工作進度被拖慢，這種極其單純的煩躁。

覺得要從頭到尾說明很麻煩，期待他們能周到地考慮到指令以外的事情；即便有點隨意地交代工作下去，也希望他們可以自己想辦法處理。**連做事方法都要手把手地指**

導很浪費時間，自己做還比較快——就是這些煩躁。

而另一種煩躁是來自於「工作就是這樣慢慢上手的」這種前輩世代的工作習慣。

對於工作目標的想像力、交出比指示還多的成果、刻意地嘗試錯誤。我們之所以會覺得這樣的做事方式很重要，是因為在我們的經驗中，大家都是這樣成長過來的。

正是因為有心想培養年輕人，才會更感到煩躁。

在這之中，「希望他們能先自己思考一下」也許是期待年輕人成長的心意最為強烈的一種煩躁。

因為覺得對年輕人的成長有幫助，才故意在只給予少量資訊的情況下交辦工作。**花時間煩惱和停下來思考會使人成長，所以不要急於得到答案**——前輩就是抱持著這種心情的。

但是很遺憾，**這種心情只是我們前輩的一廂情願。**

煩躁消除法

如同前述，這份煩躁和之前討論過的兩個煩躁結構相同。

就這一點來看，解決方法也同樣是向年輕員工「好好傳達其中的用意和好處」。

……話是這樣說，但執行起來相當困難。

因為要讓總是在極力避免浪費時間的理性主義者感受到停下來思考的好處，一般來說難度是相當高的。

當然，年輕人希望提高生產力的想法也有可取之處。

因此建議雙方各退一步，採取折衷方案。也就是根據不同案件，給予年輕人一定程度的資訊或提示，並請對方在值得思考的部分灌注心力。

具體方法會在下一個煩躁情境中解說。

㉑想要自由發揮，卻只會一個口令一個動作，到底是怎樣？

前輩的煩躁

交辦單純的事務給他時，他通常都會擺出一副沒幹勁的表情。於是我試著交給他一項需要稍微動腦規劃的工作，結果他竟然要我詳細地教他怎麼做，還問有沒有指南或範本。讓我忍不住想問：「你到底是想自由發揮？還是一個口令一個動作？」

年輕員工的真心話

面對每個步驟都已經定好的工作總是提不起幹勁。只能依照指南進行的話，感覺讓別人來做也一樣。畢竟只要讀了指南，誰都做得到。可是這和不參考範本是兩回事吧？我是覺得應該省略沒必要思考的部分，把時間花在值得思考的地方。

想要自由發揮，卻只會一個口令一個動作。

明明說依照指示的工作做起來沒幹勁，交給他需要思考的工作卻又說想要指南或範本。看在前輩眼裡，這簡直充滿矛盾。

在這個案例中，前輩因為期望年輕人成長而主動遞出橄欖枝，於是在「我都特意交給你了」的心理影響下，煩躁感會比「希望他們能先自己思考看看……」（136頁）這個情境更加強烈。

但是年輕人也有他們的說詞。

經常聽到的就是前輩世代的微觀管理。很多前輩雖然把工作交辦下去，但還是不太信任年輕人，經常會嚴格掌控進度、過度干涉。

各位是否有被說中呢？我覺得自己就中了很多槍。

在前輩的微觀管理之下，有許多年輕人經歷過這樣的事情：

「我曾經因為主管要我試著想想看，而用自己的方式從零開始構思並提出企劃案，但是企劃被大改特改，最後幾乎全變成主管的想法……」

前輩並不覺得這種微觀管理造成了過度干涉，因為自己就是在絞盡腦汁構思出企劃或構想、卻一天到晚被打槍的情況下一路走來的。倒不如說，前輩甚至為此自負，覺得自己是撐過這種管理方式才獲得成長的。

然而，追求理性的年輕員工卻不同。

如果都花時間想了，最後卻還是要採用主管的構想，那根本是白做工。他們會覺得：「我針對修改的內容重新構思所花的時間和精力，到底算什麼？」

他們只想專心進行能讓自己構思出的結果派上用場的事情，認為應該省去不需要思考、想了也白想的事，把時間花在值得思考的事上。這就是現在年輕人的工作觀。

對他們來說，指南和範本就像是高速公路，可以幫他們避開無需思考的部分。明明有高速公路卻不開，實在沒有道理。

這樣舉例，各位是不是稍微能夠理解了呢？

煩躁消除法

將工作委派給年輕人可以幫助他們成長。前輩的這種想法當然也沒有錯，但是到底該怎麼做呢？

以結論來說，**最好以「八成範本，二成留白」的比例來交辦工作。**

首先，一定要先告訴他們「基本框架」，提供他們書面範本或類似雛形的東西。

接著，為了讓他們發揮自己的想法、又不至於完全搞錯，可以稍微給予一點指示。

利用這一招，就可以同時給予討厭徒勞修改的年輕人答案與發揮的空間。

簡而言之，**他們想要的答案，其實是作為基礎的「基本框架」**，他們並不是想要主管一個口令一個動作。

別想得太複雜，總之先提供「八成範本」給他們吧！剩下的「二成留白」對年輕人來說，就是展現自我的珍貴舞台。

至於要怎麼突破框架，交給年輕人去思考就好。

㉒竟然問可不可以明天再做，連加班一小時都不肯嗎……？

前輩的煩躁

有份會議資料預計要在明天內統整好，身為議長的長官因臨時有事而提前會議時間。雖然不太想拜託下屬幫忙，但不分工的話一定來不及。結果不出所料，對方回：「我可以明天早上再開始做嗎？」我就是因為時間太緊迫才來拜託你的啊……

年輕員工的真心話

我當然討厭加班啊。雖說如此，無論如何都必須加班的時候我也願意留下來。但是這次的資料，就算明天一早開始做也來得及吧？雖然有可能會很趕，但是既然來得及，今天為什麼不能先下班呢？

時間太緊迫的話，會對資料的完成度沒有把握，要是出錯也來不及修改。因此，前輩世代才會認為雖然下班時間到了，還是應該趁晚上趕工，在今天之內把資料統整完成。

相反地，年輕員工則認為既然勉強趕得上，就沒必要花時間加班統整資料。**雙方在加班這件事情上的價值觀差異，也是一個相當難以填補的鴻溝。**

在以前，長時間工作既是一種美德，也是正義。

距今三十年以上、日本剛進入平成年代時，曾有一句「你能戰鬥二十四小時嗎？」的廣告標語非常流行，還有一個健康飲品廣告「五點開始的男人」在大街小巷播放。所謂「五點開始的男人」，是指下午五點前都在渾水摸魚，到了下班時間的五點才開始有精神的上班族。

看到這裡，感覺現在的年輕人一定會吐槽：「那他們五點之前都在幹什麼？」

因為那個年代沒有手機，一旦出了公司，做什麼別人都不知道。如果是做業務之類的，就會到外面渾水摸魚，傍晚再回公司加班給其他人看。

當時對一個人的評價取決於工作量，因此想要出人頭地，就必須具備能夠（看起來）工作很久的馬力。

在以戰鬥二十四小時為前提的公司裡，「五點開始的男人」是一種必然的工作方式。但是，這樣回頭一看，各位不覺得那是個相當扭曲的時代嗎？

另一方面，在現在這個時代，我們不得不非常注意「勞動時間」。

雷曼兄弟事件以後景氣回升，在人手不足的情況下，長時間工作成為社會常態。為了抑止這種過度勞動現象，日本於二〇一九年頒布了勞動方式改革相關法令，嚴格規定職場的加班制度。

這股勞動方式改革的潮流，顯然和重視生產力的年輕人價值觀非常合拍。因此**在現在的職場上，討厭加班的年輕員工經常被正當化。**

「必須用比以前更短的時間完成等量的工作才行。以前的人願意砸下大把時間，但現在可不一樣。」對前輩來說，這句話聽起來相當狂妄。但是他們的說法更有道理，這一點又令人更加煩躁。

年輕人討厭加班還有另一個原因，那就是他們五點以後的生活和以前的人完全不同。他們在社群平台上會與上百甚至上千名追蹤者互動，同時擁有好幾個社交圈，活動領域相當多元。正因如此，他們才會隨時都在思考該如何提升工作效率，創造出時間去做自己想做的事。

煩躁消除法

「前輩世代過去將大把時間都花在工作上，但我們可不一樣。」

現在的年輕員工每天都是抱持這種心情在工作的。

上班的時候，前輩和年輕人的體感時間是完全不同的。然而，不明白這點的前輩總是用自己的時間束縛著年輕人。

主管的時間和下屬的時間是平等流逝的。

也許有必要先建立這層認知。我自己也是抱持著自我警惕的意味在說這句話。

㉓晨會可以提振大家的士氣，不是沒意義的行為

前輩的煩躁

晨會是為了讓大家進入工作模式而存在的。大家集合在一起、彼此打個照面，可以提高士氣。這件事是有意義的，所以不要說「只是要傳達注意事項的話寄信就好了」這種話，根本不是這麼一回事。說極端一點，晨會講了什麼根本不重要。

年輕員工的真心話

我覺得開晨會根本沒有必要。只是要向大家傳達注意事項的話，寄信不就好了？在這個重視彈性工時、遠距工作等彈性工作方式的時代，還要一大早被拘束住，到底是怎樣？

各位的公司會舉行「晨會」嗎？

在開始工作前，部門各自集合，報告現在的業績、今後的目標、今天的行程，並由主管發表訓示。以前，這是在每間公司都可以見到的光景。然而，**「晨會」現在卻是使前輩世代和年輕人在工作方式上的「對立局面」愈演愈烈的代表。**

現在的年輕員工明顯對晨會抱持否定態度。

某間企業對社會新鮮人進行了意見調查，結果晨會在浪費時間這個項目中榮登榜首。理由是「主管訓示時間過長」、「覺得反覆喊口號很沒意義」、「想把這段時間用在工作上」、「不想聽人長篇大論」等等。

就像在反映年輕人的心情，有不少公司都廢除了晨會。理由大多是現在已經可以透過電子郵件共享情報，或是因為導入彈性工時制度導致大家的上班時間不一。

另一方面，前輩世代則是在開晨會理所當然的環境中被培育出來的。有不少人覺得「只有面對面聽到彼此的聲音，才能強化組織的團結力」、「晨會的目的不只是共享情報」等等，認為晨會具有促進組織意志統一、切換情緒這類精神層面的效果。

這種前輩會覺得，不開晨會＝不明所以地來上班然後不明所以地開始工作，因而感到不安或少了點什麼。

不過，在這一片對晨會的批判聲浪中，一家在全日本擁有多間分店的餐飲業企業竟然逆風而行，其獨特的晨會受到各界矚目，甚至吸引了許多外界人士前去參觀。晨會時間為十五分鐘，內容包含演講、第一名宣言、招呼語和應答的訓練，最後再用該店的目標宣言作結。這正是年輕人最討厭的典型晨會。

而這間公司的晨會實在太過慷慨激昂，所以大眾的評價非常兩極。

但這裡想討論的不是其內容，而是不要以「散漫、如例行公事般」的態度召開晨會，要讓晨會「具有明確目的」。

正因如此，部分參觀人士才會產生「希望能在自己公司舉行同樣晨會」的想法。

也有企業實施與這種熱血型晨會完全相反、屬於感性型的晨會。

某間顧問公司便以「感謝」作為晨會的主題概念，輪流發表演講，感謝身邊一起工作的員工。據說藉由彼此互相感謝，公司內的氣氛逐漸好了起來。

煩躁消除法

所有晨會都是不好的——年輕人的這個主張的確過於極端。

正因如此，才要**把散漫的晨會變成有意義的時間**，這一點相當重要。

內容當然可以依據每個職場不同的文化做調整。

畢竟只是要共享情報的話，現在只要發電子郵件就行，所以我們才要想辦法讓晨會更有目的性。

如此一來，在時下年輕員工的心中，晨會說不定也會逐漸成為不可或缺的東西。

㉔開會還是必要的吧？

前輩的煩躁

我知道現在有一股認為開會是在浪費時間的風氣。有些會議確實是在浪費時間沒錯，但把大家集合起來也是有意義的。當大家面對面交流，有些難以從資料中表達的言外之意或是發表人的熱情等等，才有辦法傳達出去。在這種情況下徹底進行議論，才能夠得出好的結論。

年輕員工的真心話

基本上我很討厭沒用的會議。開會的目的若只是把大家集合起來，到底有什麼意義，我完全無法理解。去除不需要的東西，這種減法思考是很重要的。減少浪費時間的事情，專注於本來該做的事情上，才符合邏輯吧？

作為勞動方式改革的延伸，大家開始呼籲要提高生產力。這一點先前已經提過了。理想的工作方式，當然是能在上班時間內完成所有工作。

會造成時間浪費的業務，應該以企業、部門為單位重新審視，並減少到最低限度。其中，「浪費時間的會議」被視為最應該消滅的首要目標，成了眾矢之的。（與上一篇提到的「晨會」並列，甚至在其之上。）

年輕世代全面性地搭上這波減少會議的風潮。**在極度討厭浪費時間的他們眼中，會議就是浪費時間的頭號戰犯。**

他們喜歡的工作方式，是透過電子郵件共享必要資料，再用電子郵件或聊天軟體互相提出意見、整理出結論，然後結束。

另一方面，覺得面對面交流意義非凡的前輩世代，則會想盡辦法把大家集合起來。即便理智上知道有些會議是浪費時間，也很難改變長年養成的工作習慣。大部分的人也都不太能接受只靠電子郵件進行討論，因此感到很煩躁吧。

話說回來，開會的用意到底是什麼呢？

透過會議，可以與許多人交換意見，導出結論；或是針對某項新提案的可行性，進行多角化的探討。而且大家集合起來開會，也能形成彼此交流的契機。另外還有一個附加效果「順便問問」，也就是趁彼此面對面的時候，順便詢問之前想要問的事情。

確實有很多會議是在浪費時間，但是我並不贊同只因為這個理由就武斷地認定要減少開會，畢竟還是有真的需要開的會議。

因此，**我們應該從很愛召集眾人的前輩世代和極度不想浪費時間的年輕人之間，好好地重新整理出會議的目的和定義，判斷什麼是必要的、什麼是不必要的**。簡言之，就是進行分類。

不管怎麼看都是在浪費時間的會議頭號戰犯，不用說，就是以集合為目的的會議。像是以慣例為由定期召開的會議等等，可能早已變得有名無實。

另外一個**應該檢討的部分，就是人數過多的會議**。

就算這場會議對其中半數的與會者來說是有意義的，但是只要另外一半與會者的業務和會議無關，對他們來說就是在浪費時間。

總而言之，切勿籠統地召集人員。只要仔細斟酌該邀請誰來參與會議，以後這種無謂的會議論爭應該就會減少許多。

煩躁消除法

分清哪些是必要、哪些是浪費時間，並以適當的形式召開，才是正確的開會方式。

釐清開會目的，選擇適當的與會者，並在具有決定權者的管理下進行，會議就不會變成浪費時間了。

最後還有一個重要觀點。

就算這場會議過去是有意義的，也不能只是依照慣例召開，**我們要定期重新檢討召開這場會議的意義。畢竟，昨天有意義的事到了今天就失去意義的案例多不勝數。**

㉕要在三十分鐘內開完會……還是太短了吧？

前輩的煩躁

最近，把會議時間設定為三十分鐘的年輕人愈來愈多了。我們有個科技新創企業的客戶，總是明顯散發著「工作能力不好的人才需要花一小時開會」的氣場。開會拖得又臭又長當然不行，但三十分鐘還是太短了吧？總覺得沒辦法好好討論……

年輕員工的真心話

上一個世代的人，都有著「總覺得會議應該是以一小時為單位」的先入為主觀念，彷彿完全沒有意識到這種習慣會導致工作的生產力下降。明明已經討論完議題，但因為時間還有剩，就開始進行沒有意義的對話，我覺得真的很浪費時間。

這是第二個與會議相關的煩躁。

在日本公司裡，大家很常把會議時間設定為「一小時」。

但是，**為什麼需要花一小時呢？仔細一想，就會發現沒有明確答案。**

實際上，大家通常都是以「從以前就是這樣」、「剛好是個完整的時段」、「總覺得應該這樣」……這些曖昧不清的理由，在持續開著「一小時會議」吧？

確實，一開始就把會議時間設定為一小時的話，與會者就會在心裡預設這場會議需要開一小時。因此即便是三十分鐘就可以討論完的內容，也會拖到一個小時。

要是基本觀念中具有這種「莫名一小時意識」，就會把不太需要在會議上討論的事情也作為議題提出。最後，就會如開頭年輕人所抱怨的一樣，「因為時間還有剩」就把珍貴的時間浪費在沒有意義的交流上。各位是否被說中了呢？

這麼一想，就會覺得開會的「莫名一小時意識」的確很沒效率吧。

現在，TOYOTA已經把三十分鐘設定為會議原則。

這件事看似枝微末節，但只要一步一腳印地累積這些「細微差距」，最終就會形成巨大的差距。這正是標準的TOYOTA式「改善」。

因為所有與會者都具備時間有限的意識、知道不能閒話家常。據說在會議一開始，大家就會馬上確認議題並開始進行核心問題的議論。

我認識的一位年輕經營者也曾經自豪地說，他在自己的公司將會議時間預設為三十分鐘，並將其命名為「倍速會議」。

對於年輕人認為應該縮短會議時間的主張，前輩也沒道理全面否定吧？相信各位也對花上三小時的會議頗有微詞。

雖說如此，各位心中可能還是會冒出一個單純的疑問：「在這麼短的時間內，真的能針對好幾個議案進行討論並做出決策嗎？」

若只是把原本以六十分鐘為標準的會議通通改成三十分鐘，恐怕真的會遇到無法在時間內結束議論的情況，變成一場消化不良的會議。

煩躁消除法

這裡建議的方法是，**以「十五分鐘」為一個區間，慢慢往上增加會議時間。**

有研究結果顯示，為了維持人類的專注力，必須以十五分鐘作為一個區間。

因此我試著把這個道理套用在會議上，將持續兩輪十五分鐘區間的「三十分鐘會議」，設定為會議的基礎。

具體來說，就是將結構分為「輸入（分享）＋輸出（討論）」兩大部分，並且基本上要在「十五分鐘內」的制約下進行。以此為基礎，再根據議題的數量和內容，逐漸增加時間到四十五分鐘、一小時……

總而言之，就是先讓大家具備意識，掌握議論所需花費的時間。

光是做到這樣，就算是踏出提升開會效率的第一步了。

煩躁因素　年輕員工生態解說

無法接受浪費時間，既然花了時間，就不想後悔

現在年輕人的工作態度，好像缺乏了一點什麼。

別人說一步才做一步；希望他們試著自己思考一下，卻總想馬上得到解答；看他們一副躍躍欲試的樣子，於是委派了工作，結果他們卻要等待別人指揮……

雖然在前面的煩躁情境中已經提出來討論過許多案例，但是相信對各位前輩來說，令人想要大叫「那一個步驟就是關鍵啊！」「那些看似沒用的行動才是最重要的！」或「自己動腦想一下！」的事情還多的是。

為什麼現在的年輕人會如此吝於多做一個步驟呢？是因為極度討厭浪費時間嗎？讓我們重新考察看看，被說是理性效率至上主義的年輕人價值觀吧！

超理性主義者最講求CP值

最能代表現在年輕人理性價值觀的一點，就是他們的CP值意識。

媒體經常說「現在的年輕人沒什麼慾望」、「不知道怎麼運用金錢」。確實，如同序章所述，年輕世代成長於相對富庶的時代，對金錢較不執著。但是另一方面，這也是一個很難對未來抱有展望的時代，所以他們的心中始終對未來的經濟狀況感到不安。

在賺錢或消費方面，他們都沒有明顯的慾望。總是超現實地以自己的方式謹慎使用賺來的錢。而「Mercari（譯註：一家日本網路二手交易平台）」的出現，又加強了這種CP值意識。

不用說「一塊錢都不想多花」這種心情了，年輕人甚至還有喜歡精打細算購買特價商品的傾向。因此，被別人說「你怎麼會花那麼多錢買那種東西？」對他們來說是最大的屈辱。**對於追求理性的年輕人而言，CP值幾乎已經成了一種強迫觀念。**

這種CP值概念當然也適用於工作。

飲酒會的CP值、加班的CP值、出人頭地的CP值……對年輕世代而言，所有事都會以CP值來衡量。

因此，與其瘋狂加班賺四十萬圓，還不如準時下班賺二十萬圓；與其在每天被罵的情況下賺四十萬圓，還不如在不被罵的情況下賺二十萬圓。這就是他們的預設值。

快轉觀影和劇透觀影是理所當然的

「高CP值」已經是理所當然，**最近還出現了一個新詞語「高TP值」。TP是「Time Performance」的簡稱，也就是「時間上的CP值」。**

高TP值的代表例子，就是用「快轉」的方式觀賞電影等娛樂影片，例如用一個小時看完時長兩小時的影視作品。

這種在興趣和娛樂上也要追求高效率、生產力的TP值意識，已經流傳開來了。

確實，從YouTube到Netflix，現在娛樂影片多到看不完。

想極力避免為了無聊的作品浪費時間、想快速掌握重要作品的大致劇情……隨著這種TP值意識的高漲，別說「快轉觀影」了，甚至還出現了「劇透觀影」的風潮。

所謂的劇透觀影，指的是事先透過節錄的介紹影片或懶人包、評論網站等，得知劇情概要，並在知道結局的情況下觀賞影片。

年輕人的想法是「想在事先知道犯人是誰的情況下觀賞」或「想先知道自己喜歡的角色會有什麼發展」。這看在前輩世代眼裡，簡直令人難以理解，畢竟看警匪劇時事先知道犯人是誰，還有什麼好看的呢？

但是，**對年輕人來說，比起不知道結局的「刺激感」，不會讓自己花下去的時間白費的「安心感」更勝一籌**。他們希望投資下去的寶貴時間盡可能地花在有益的地方。

從這一點就可以清楚看出，年輕世代對於時間有多執著。

花費寶貴的時間需要有合理的理由

他們之所以會如此重視時間，和社群平台也有關係。

先前在「竟然問可不可以明天再做，連加班一小時都不肯嗎……？」（144頁）這個煩躁情境中也介紹過，現在年輕人在社群平台上，可能與數千追蹤者保有聯繫，同時擁有好幾個社交圈，活動領域相當多元。

為了擠出時間從事自己想做的活動，他們會想盡辦法提高工作效率。

看在我們前輩眼裡會覺得本末倒置，但這就是他們的工作生活平衡意識。

「做這件事有意義嗎？」各位是否經常在職場上聽到年輕人說這句話呢？

對極度在意時間的年輕人而言，要花費自己的寶貴時間，必須有一個讓他們在理性上能夠信服的理由。

因此，只要無法理解一件事的意義和目的，他們就提不起幹勁。

浪費vs.理性

理性的年輕人認為應該要排除浪費。

在整個社會提升生產力的風氣助長下，這個觀念逐漸正當化，**就像是「中世紀的獵巫行動」，現在可說是「Z世代的狩獵浪費行動」**。

現在年輕人排除浪費的觀念更站得住腳，但這個風氣對前輩則相當不利。

晨會、會議、加班……能減少的東西確實不少。

但是，也有些是不能捨棄的吧？對前輩來說，不禁會想吶喊：「那一個步驟就是關鍵啊！」「雖然現在看起來是繞遠路，但以長遠的眼光來看，這是能夠促進成長的」或「試著自己動腦想一下」。

看在年輕人眼裡，這些事或許是做白工，但是**我們前輩則已經從經驗中得知，這些看似做白工的行動，其實能在未來派上用場**。

雖說如此，要是不由分說地利用權威對年輕人說教，也只會讓他們產生「被強迫」的感覺。

站在年輕人的立場，理性表達對年輕人有幫助的事——這就是我在本書中反覆提及，與年輕人溝通時的基本姿態。

要促使理性的他們行動，這種表達方法可說是最不可或缺的。

總而言之，第三章的各種煩躁情境解方，全看能否做到**用年輕人的視角翻譯出他們能享受到的好處。**

第4章

「都已經是人生百年時代了，還莫名急性子」的年輕員工使用說明書

只考慮到
自己的職涯發展……

㉖做副業是沒關係，但在本業上有點怠忽職守了吧？

前輩的煩躁

要是本業足夠充實，就沒有做副業的必要。難道不是因為本業做得不順利，才帶著逃避心態去做副業嗎？還是說，想要靠副業輕鬆賺錢？不管怎麼說，連本業都不能好好做的人，根本不可能靠副業賺到錢吧！要是太專注於副業，而在本業上怠忽職守，那不就本末倒置了嗎？

年輕員工的真心話

正因為感謝公司允許我從事副業、讓我自由發展，我才想要報答公司。要是在本業上沒有做出好成績，我自己也會感到過意不去而更加努力。然而，一開始就懷疑員工會在本業上怠忽職守，實在是說不過去。

有多少公司允許員工從事副業呢？

根據在東京都內進行的調查，「全面允許」的公司占6・3%，「有條件允許」的公司占28・6%。允許的理由是「藉由彈性的工作方式吸引優秀人才」、「提升人才留任率（＝降低離職率）」、「提升員工的工作動力」等等。

另一方面，「不允許」的公司占了64・3%。其理由（有所顧慮的原因）是「會在本業上怠忽職守」、「對工作造成問題」等。而且，針對是否考慮允許員工從事副業這個問題，「目前並不打算納入考量」的回答穩居第一。

恐怕就連在日本副業最發達的東京都，大家對於副業的理解也只到這個程度而已。在前輩世代的腦中，或多或少也有同樣的感覺吧？

看著那些從事副業的年輕人，一直以來只靠本業吃飯的前輩多半會覺得：「真的有人厲害到能一次從事好幾份工作嗎？」

不過，我覺得**埋藏在更深層的，應該是一種類似寂寞的感受吧。**

說得更直白一點，就像是發現自己喜歡的人腳踏兩條船的感覺。當然，前輩通常都沒有這個自覺。

但是，就像開頭的年輕員工真心話所說的一樣，**從事副業的年輕人反而會對本業更加積極**。據我所知，這種案例非常多。

「要是在本業上表現不好，會有罪惡感。」「公司都允許我做副業了，一定要好好努力報答才行。」意外認真的時下年輕人，似乎會產生這種心理。

不過話說回來，為什麼年輕人會想從事副業呢？

和序章說過的一樣，這就是現在年輕人的價值觀。

雖然和先前的內容有些重複，但請大家一起複習一下。

共同工作空間和共享辦公司的出現，讓上班族脫離了辦公室的束縛。隨著物理上的連結減弱，精神上的連結也逐漸減弱。再加上新冠疫情的影響，遠距工作一下子普及開來，加速了這波對公司和職場歸屬感降低的趨勢。

另外，像是群眾外包這種工作方式、YouTuber等網紅、以Uber Eat外送員為代表的零工經濟等等，工作上的選擇也變多了。

不用依附於一間公司、不用侷限於一種職業，利用空閒時間從事好幾份工作。年輕人會追求這種工作方式，已經是時代的必然。

副業普及化的潮流應該是不會停下的。

煩躁消除法

如果身邊有年輕人在從事副業，前輩應該稍微重新調整自己的心態。

首先，**捨棄那（或許）藏在你心底深處對於副業的嫉妒**，丟掉先入為主地認為「會不會在本業上怠忽職守」的成見吧！

接著，冷靜地確認對方的工作表現。

如果對方工作表現變差，當然可以堂堂正正地出言提醒。

㉗ 咦？要辭職？明明昨天面談的時候還看起來很有精神啊……

前輩的煩躁

「不好意思，我想在下個月底辭職。」「咦？你是認真的嗎？」工作終於逐漸上手了，滿心期待他成為戰力。我才剛這麼想，對方就提離職了。話說，昨天一對一面談的時候，不是還很有精神嗎？還積極地表示想要參與新的案子。到底是怎樣？

年輕員工的真心話

對於突然辭職一事，我也感到過意不去。可是，在很早之前我就覺得自己可能不適合這份工作了，而且一天到晚挨罵。說實話，當初也只是偶然通過面試，就想說來試試看而已。

最近的年輕人總是動不動就離職——

到處都能聽到前輩世代在抱怨這件事。

就讓我來試著揣摩一下，前輩對此會產生哪些煩躁情緒吧。

「也許是小時候沒什麼被凶過、被百般疼愛地養育長大，或是寬鬆教育造成的，最近的年輕人真的很玻璃心。」

「犯錯被責罵時，他們不會心有不甘而奮發向上，反而是垂頭喪氣、委靡不振。不去瞭解自己為什麼被罵，只對於被罵這件事心懷不滿。」

「面對不會做、不想做的事情總是滿嘴藉口，主張『我沒有錯』，把自己正當化。**不願意做義務，卻比誰都會主張權利**。結果陷入沮喪後就一蹶不振，很快就提出離職。」

差不多就是這種感覺吧？

其實說得更準確一點，**他們並不是「動不動就離職」，而是「無預警辭職」**。

而這個現象背後的原因，就是最近的年輕人雖然「對於辭職不感到抗拒」，卻「對

於開口提出辭職感到抗拒」。

請各位回想一下第二章的內容（120頁）。年輕人抱持著想要獲得認同但不想引人注目的複雜尊重需求，而且經常在扮演能幹的角色。

前輩們心中雖然對於這樣的年輕人感到煩躁，但也一直在小心照顧他們的心情。然而，他們卻常無預警提出辭職，狀況真是雪上加霜。

其中一個原因，就是他們會扮演能幹的角色，導致很難看出真實狀況。

另外，年輕人透過社群平台的人脈和經營副業的經驗，要找到適合自己的招聘資訊變得十分容易。

不得不說，在這樣的情況下要防範職場上的年輕員工無預警辭職，真的非常困難。

說來說去，終究還是要下工夫去徹底掌握年輕人的狀況。

煩躁消除法

問題在於，年輕員工的煩惱很難看出來。

他們相當不擅長主動吐露這些可能會造成摩擦的「煩惱」。

因此，最重要的就是打造一個容易引導他們吐露煩惱的環境。

其關鍵就在於「心理安全感」和「傾聽」。

這和先前在「為什麼會這麼容易受挫？」（88頁）以及「偶爾失敗一下不會怎麼樣吧？」（100頁）中提過的消除煩躁方法，基本上是一樣的。

讓年輕人感覺「不用偽裝自己，展現出真實的自己也沒關係」、「原來會好好聽我說話啊」，像這樣營造出可以敞開心胸的環境和溝通模式，是極為重要的。

詳細的內容，請閱讀做了系統性統整的終章。

㉘代理辭職是什麼意思？要辭職就直接說啊！

前輩的煩躁

最近突然接到一通電話：「我是代理辭職服務的〇〇。任職於您部門的△△先生想要辭職，離職手續就再麻煩您了。」咦？代理辭職是什麼？掛斷電話一陣子之後，一陣猛烈的怒火就直衝我的腦門。雖然無預警辭職也不好，但是要辭職的話，至少親自來提吧！

年輕員工的真心話

雖然之前就想辭職了，但是提出來的話，一定會被挽留吧？所以我始終無法說出口。上網Google了一下，發現有好多代理辭職服務。只要花五萬圓就可以幫我提離職，比起繼續拖拖拉拉下去，這麼做CP值更高。

最近的年輕人總是動不動就辭職的現象，在上一篇「咦？要辭職？明明昨天面談的時候還看起來很有精神啊……」（172頁）就提過了。

他們之所以會無預警辭職（或看起來像無預警辭職），很大的原因是來自於「不抗拒辭職，但抗拒開口提出辭職」這個價值觀。

在終身雇用制度逐漸崩解的現代，時下年輕人完全沒有在一間企業工作一輩子的想法。因此與前輩世代相比，「辭職的重量」是不同的。再加上成長環境和線上溝通發達的影響，也變得比較玻璃心。對於有可能產生摩擦的現實溝通，他們相當不擅長。

在這樣的背景之下，反映出年輕人價值觀的「代理辭職」服務很快就普及開來。

如同字面上的意思，**這是一種代替本人向公司表達辭職意願的服務。花個五萬圓到十萬圓，他們就會幫忙打電話給公司。**

好想辭職，可是辭職需要哪些手續呢？總之先在搜尋欄打上「辭職手續麻煩」幾個字看看，於是查到了代理辭職服務的介紹文章。一邊納悶代理辭職是什麼，一邊搜尋

「代理辭職」，結果搜尋結果出現一大堆代理辭職服務。

對於想要提離職的人來說，代理辭職就像眼前的浮木一樣，利用這項服務的人數正在急速增長。

我所經營的TSUNAGU工作方式研究所，曾進行過代理辭職相關調查。

我們以二十多歲商務人士為對象，詢問：「您想辭職的時候，會利用代理辭職服務嗎？」而給予肯定回答的比例高達35・9％。而且男性的使用意願竟然有47・5％。

對於至今一直在同一職場工作的主管和前輩而言，這真是令人感到惋惜的結果。

實際上，我的一個熟人所經營的公司，也接到過自稱是代理辭職業者打來的電話。

他說接到電話當下整個人都傻掉了。不是從本人口中，而是從業者口中聽到這個消息，讓他受到很大的打擊。

這是當然的。

自己看好的人才提出離職，本就是令人難過的消息。但是既然留不住，還是希望至

少由本人親口提出。這不是一種基本禮儀嗎？

前輩世代的這種心情，我也完全認同。

煩躁消除法

在前面的篇章已經提過消除煩躁方法的本質了，所以這裡要介紹一些具體的要點——**「想辭職的跡象」**。

①開始不打招呼 ②開始不在乎主管和同事的評價 ③沒有精神
④突然申請早退或休假 ⑤開始在會議中不發表意見 ⑥服裝、髮型和平時不同
⑦坐在自己座位上的時間增加 ⑧下班後不再和公司的人往來

這些就是一般常見的辭職跡象。

尤其是年輕人的求救訊號相當微弱，請各位要提高警覺。

㉙說什麼在這間公司已經沒有什麼要學的了，明明還有一堆！

前輩的煩躁

說什麼在這間公司已經沒有什麼要學的了……你只看過這間公司的一小部分而已吧？我是不會叫你不准辭職啦……不過為了以後能找到更好的工作，你也應該要在這裡累積到足以寫上履歷的實績啊。畢竟走「王道」路線終究才是職涯發展的「捷徑」。

年輕員工的真心話

我覺得待在現在的公司學不到什麼東西。每天都在做一樣的事情，沒有任何刺激。看著前輩們的身影，也不覺得他們有在做什麼了不起的事。與社會上同世代的人相比，我的技能是不是不夠呢？我要就這樣安於現狀嗎？總覺得心情很焦慮……

「在這間公司已經沒什麼可學的了。」

這種想法對於職涯規劃來說，本來是相當正常的。

因為這會成為一個契機，讓人開始反思自己想要學習什麼。

史蒂夫・賈伯斯就曾經留下這麼一句話：

「如果今天是生命中的最後一天，我還會想去做我今天要做的事嗎？若是答案為否，我就知道自己必須做出一些改變了。」

無論什麼事，要是做得不開心，就無法持久；想要做到頂尖，就需要刻苦努力。如果能夠真正相信自己，就不會有迷惘。

因為只要去做自己想做的工作、做自己願意拚盡全力認真做的工作就好。

然而，**抱持著這種超積極的想法，說出「在這間公司已經沒什麼可學的了」這句話的年輕人其實沒那麼多。**

實際上，絕大多數的人說出這句話，都是出於「總覺得不喜歡現在的職場」、「總覺得這份工作很無趣」、「總覺得在現在這間公司工作很無聊」這種莫名的厭倦感。

詢問這些年輕人原因，通常都會湊齊「三個沒有」：「在職場沒有想做的事」、「人際關係淡薄，沒有開心的事」、「沒有從客戶或顧客身上得到刺激」。

在這種狀態下，偶然看到「透過跳槽為自己加薪」、「維持現狀的話，你的市場身價會下跌」之類的轉職廣告，或看到光鮮亮麗的高意識系社群平台貼文，心中就會湧上一股不安，心想：「我真的要在這間公司做到老嗎？」

不過，進公司才第一、二年的年輕員工，應該只掌握了公司或工作的一小部分而已，卻經常只看到自己視野範圍內的東西便決定放棄。

「明明什麼都還不懂，還敢說已經沒東西可學了！」

對我們這些前輩來說，感覺就像是自己長年任職的公司被小看了，令人忍不住想要這樣大喊，並認為「會把自己沒有長進的原因歸咎於公司的人，即便換了工作，也不可能馬上有所改變」。但是為了對方好，身為前輩還是會像開頭那樣用大道理勸說。

然而，**聽在年輕人耳裡，大概只會覺得「我的辭職會讓主管很困擾，所以主管在試圖挽留」。**這種情況確實會令人非常煩躁。

煩躁消除法

只憑著一、兩年的經驗，就判斷已經沒什麼好學的了，將來應該成為公司支柱的年輕人就這麼辭職，實在是很可惜。

既然如此，就只能提供一些避免年輕人倦怠的情報了。

工作分配當然很重要，不過實施公司內副業等策略在這方面就很有效果。

另外還有一點非常重要，那就是前輩自身。

因為在年輕員工的視野範圍內，最常見到的就是「親近的前輩」。

就像開頭的年輕人一樣，**要是覺得前輩不值得尊敬，就會直接導向「沒東西可學」的結論。**

在指派帶人的前輩這部分，尤其需要注意。

㉚說什麼主管扭蛋失敗，我才下屬扭蛋失敗呢！

前輩的煩躁

居然說什麼「主管扭蛋失敗」，還真是失禮。這不就是把一切歸咎於運氣、推託責任的象徵嗎？話說回來，我也沒什麼挑選下屬的自由啊。就算向公司要求更換下屬，也只會被上頭教訓：「教育下屬不是你的工作嗎？」對我們來說，遇到這種愛抱怨的年輕人，才是「下屬扭蛋失敗」呢。

年輕人的真心話

真羨慕被分配到隔壁部門的同期。他在Twitter上說大學的朋友很好，主管也很好。轉頭再看看我們的主管。真是拜託饒了我吧，根本是主管扭蛋失敗……

主管扭蛋、分發扭蛋……真是過分的說法呢。

為各位解說一下，**「主管扭蛋」是一種網路流行用語，用來諷刺公司新人或下屬無法得知自己的主管會是什麼樣的人，一切就像是轉扭蛋一樣，全憑運氣的情況。**

順帶一提，「扭蛋」一詞是由自動販賣機的膠囊玩具衍生而來，後來也用於指稱在遊戲上購買或獲取隨機內容物商品的機制。

近年來，扭蛋也象徵著在隨機狀態下一切全憑運氣的情況，表示本人無力改變、只能憑運氣決定的事情。

由於前陣子「父母扭蛋」一詞大為流行，「主管扭蛋」也更加受到關注。

現在的年輕人經常透過社群平台發表意見和抒發不滿。

網路上充斥著「這次主管扭蛋失敗，期待下次」、「父母扭蛋和主管扭蛋二連敗」這類用比較婉轉的方式批評主管的貼文。

假如這只是年輕人特有的紓壓方式，或許沒必要特別挑出來責難。

然而，前輩看著把自己的職業說成是扭蛋、把一切歸咎給運氣的年輕人，肯定會感到煩躁吧？

我們前輩世代當然也會對主管或前輩感到不滿。但是出了社會，這就是理所當然的事。我們一直認為自己的職涯是要靠自己開拓的。

「遇到你們這種成天抱怨的人，我們才是『下屬扭蛋失敗』呢。」

就像開頭描述的煩躁情境一樣，前輩腦中會浮現這句話也無可厚非。

而要讓會說出「主管扭蛋」這種卸責話語的年輕人有所改變，是極為困難的。

接下來，**我們就來好好思考一下，「下屬扭蛋」失敗時該如何應對吧！**

煩躁消除法

下屬扭蛋失敗的時候，白做工的事當然會增加。

不僅沒辦法好好處理自己的工作，還會變得比以前更加情緒化。以結果來看，既無法讓下屬成長，還會導致自己的評價下降。

要是心靈不夠堅強，**精神上的負擔就會增加，一個不好還有可能精神崩潰。所以前輩世代應該事先做好萬全的準備。**

建議各位將自己與年輕下屬的溝通紀錄留下來。

指導過的事情、年輕員工對於該指導產生的反應及之後採取的行動，還有為了拿出成果而努力的過程。這些都應該盡量作為事實留存下來。

透過這些紀錄，可以回頭檢視自己的應對是否正確。

即便自己已經盡力做到最好，教育下屬卻還是不順利，就可以告訴自己：都已經做到這個程度了，如果還是不行那也沒辦法。

如果能夠乾脆地承認，就能在一定程度上保持自己的精神健全。

㉛不是說「JOB型」不好，但還是多累積各種經驗比較好吧？

前輩的煩躁

你想擔任企劃，是嗎？不過剛進公司的前三年還是先擔任業務，瞭解商業的基本吧。當然，以後也建議多去幾個不同部門和地區待待看，肯定會對未來有幫助的。如此一來變得樣樣都通，才有機會成為管理階層。

年輕員工的真心話

說到底，我根本就沒有想要一直待在同一家公司，哪有時間慢慢等職務輪調。關於這一點，如果是「JOB型雇用（譯註：偏向歐美的雇用形式，重視工作內容所需的能力，而不是學歷或年紀）」，就可以用最短路徑成為專才吧。

現在的年輕人大多追求ＪＯＢ型雇用。

然而，大多數的日本企業都是長年採用職務輪調制度。

職務輪調的概念是，希望每一位新進員工都能在將來成為戰力，因此讓他們廣泛地接觸企業內部的各種工作。

這個制度會發展起來的其中一個原因，在於日本型雇用的一大特色「終身雇用制度」。在終身雇用制度之下，職位通常會隨著年紀提升。

升遷之後，需要的就不是「在特定專業領域能力優秀的專才」，而是「具備整體視野的通才」。因此，待過多個部門、清楚瞭解公司內部狀況，且在公司內擁有人脈的人，就會特別受到重用。

簡而言之，**在終身雇用、年功序列等日本傳統的組織管理方式下，職務輪調是一個非常有效且合適的制度**。

大多數的前輩世代，都是在這種制度下進入公司並一路走到今天。因此，這種可說是實際體現「久坐三年，寒石亦暖」、「欲速則不達」等諺語的事業觀，早已根植在前輩腦中。

所以對前輩來說，一開始被分配到的職位，不過就是「一開始的職位」而已。

但是，**對現在的年輕人來說，那個「一開始的職位」非常重要。**

因為他們**想要用最短路徑獲得成長**。

即使為公司無私奉獻，遇到經濟不景氣也可能被裁員；在同一間公司長期負責同樣業務，會變得沒有能力做其他工作。而且隨著年紀增長，會愈來愈難換工作。那倒不如不要依靠公司，透過工作提升自己的市場行情，爭取更穩定的工作和更好的待遇。

這種事業觀，在現在的年輕人之間逐漸流傳開來。

就算俗話說：「久坐三年，寒石亦暖。」對年輕人而言，**花三年修練根本是浪費時間，現在可不是悠哉等待職務輪調的時候了。**

煩躁消除法

「希望新進員工可以在公司做久一點。」

「希望他們能夠成長，將來成為公司的支柱。」

大多數的日本企業到現在都還抱持著這種想法。

在這種企業中一路打拚過來的前輩也是如此。

但是年輕人的職涯志向並不是「終身雇用型」＝「企業主義」，而是以「ＪＯＢ型」＝「個人主義」為主流。

不管是想從事副業，還是希望採用ＪＯＢ型雇用，綜觀整個勞動市場的未來，這種工作方式和職涯的形成是勢不可擋的。

不過，讓我們這些前輩感到煩躁的部分應該在於**「想用最短路徑獲得成長」≠「只想做自己想做的事」，對吧？**

為了讓他們不要誤解ＪＯＢ型的意義，似乎有必要好好教導他們一下。

㉜嘴上說說很簡單，但實際上想要財務自由沒那麼容易吧？

前輩的煩躁

退休年齡延後到七十歲之後，我都已經做好必須工作一輩子的打算了，年輕人卻說什麼想提早退休。提早退休當然很令人羨慕，但那種做夢般的事情不可能那麼容易實現吧？看起來也必須累積一筆不小的可運用資產，我覺得沒那麼簡單。

年輕員工的真心話

反正未來又不能依靠公司或國家，若是不想過貧窮的生活，從年輕開始財務獨立、提早退休，不是比較好嗎？而且還能把時間花在自己想做的事情上。我認為以財務自由為目標努力，一定更能抓住幸福。

最近，「FIRE運動」受到許多商務人士的關注。

這當然不是「炒魷魚」的意思，而是「Financial Independence, Retire Early」的縮寫，直譯即是「財務獨立，提早退休」。簡而言之，就是趁年輕時累積到足夠的個人財富，並辭去工作。

提早退休，過上怡然自得的生活——

無需多言，人們對於這種生活方式的憧憬從以前就存在。但是在過去，提早退休總給人一種只有極少數億萬富翁才能實現的印象。

而FIRE運動之所以會受到關注，就在於**透過省錢和儲蓄就能實現「財務獨立」**這點。說明得更具體一點，就是工作並累積到投資本金後，達成能靠投資收益維持生活的目標就退休，實現FIRE生活。

其中，財務獨立的指標為「投資本金＝25倍年支出的資產」和「報酬率＝4％」。

意思就是，只要把25倍年支出的資產當成投資本金，並運用其中的4％，就能在不減少本金的情況下，利用投資的收益維持生活。

實現FIRE生活之後，就不用再受工作束縛，可以隨心所欲地運用時間。換言之，其最大的魅力就是「自由生活」。

這不就是時下年輕人最嚮往的生活嗎？

另一方面，我們前輩世代是如何看待FIRE運動的呢？

相信不少人都會不安地想：「投資是有風險的，無法保證每年都可以維持4%的投資報酬率。」

那麼，我們先假設自己已經達成運用資產的目標，且具備投資相關知識吧。在這種情況下，你會實行FIRE運動嗎？

前輩世代過去一直活在工作賺錢是天經地義的時代，靠被動收入生活根本是一種未知領域。

其實現在也有投入資產、開始FIRE生活的人表示：「在公司上班時，我很嚮往在風光明媚的鄉下悠閒務農的生活；但是實際開始後，三個月左右就感到厭煩了。現在正考慮要不要回東京打工，重新與社會接軌。」

煩躁消除法

不用工作乍看之下好像很令人羨慕，但真的實現後，不會覺得日子很無聊嗎？——其實我也是這麼想的。即便如此，我還是認為**應該積極看待FIRE運動這股潮流**。

前輩世代大多抱持工作賺錢是天經地義的觀念活到現在，想法通常很現實，覺得談論夢想毫無意義。

不過，以前是沒有選擇可言。現在只談論現實，不免令人覺得有點浪費人生。

從這層意義上來看，**FIRE運動就像是在質問我們前輩世代：「什麼樣的生活方式對自己來說才是幸福的？」**

有錢就不工作、即便有錢還是會工作。各位是哪一派呢？

煩躁因素　年輕員工生態解說

我們必須用最有效率的方式提高自己的市場行情才行

現在的年輕人總是動不動就離職。

然而實際上，**有三成的社會新鮮人會在三年以內離職，這一點三十年來都沒變過。**

換言之，**現在年輕人是因為辭職辭得太過突然、造成的衝擊較大，才會讓人覺得他們動不動就離職。**

先前在「咦？要辭職？明明昨天面談的時候還看起來很有精神啊……」（172頁）的煩躁情境中也有提過，這才是正確的認知。

無論如何，「年輕員工離職」可說是讓前輩世代最頭痛的問題之一。

當然，相信各位前輩也知道，在終身雇用制度完全面臨轉折點的現在，要讓一個人一輩子待在同一間公司工作是相當困難的。

但包含「ＪＯＢ型才好」、「想從事副業」等事業觀在內，**前輩覺得時下年輕員工的工作方式很自私**並對此感到煩躁，也是不爭的事實。

以辭職為前提，卻不知為何想進入大企業

現在是以辭職為前提的時代。問一百個年輕人，大概有一百個人都會回答「不打算一輩子待在同一間公司工作」。

既然如此，應該不用非得選擇穩定的大企業才對。然而，**學生票選的熱門企業排行榜上，大企業依然名列前茅。這種現象到底是在什麼樣的背景下形成的呢？**

其中一個原因正大大反映了現在年輕人的價值觀。

那就是尊重需求和CP值意識。

說得直接一點，就是他們希望在社群平台上結交到的眾多**夥伴和朋友能對自己任職的公司「按讚」**。因此，選擇沒辦法得到自己朋友認可的公司，反而需要勇氣。

如果選擇了很難得到讚的企業，想要得到朋友的支持，就必須長篇大論地說明理由。這非常耗費說明成本，會演變成「CP值很低」的情況。因此知名企業對年輕人來說CP值非常高。

另外一點，是想要覆蓋學歷。

若是以辭職為前提，這可以說是一個即為合理的策略。

如果覺得自己就讀的大學程度不夠好，這時只要努力擠進大企業，在某種程度上這就會成為之後的「最終學歷」，對於轉職和創業都非常有利。當然，如果畢業於知名大學，又擁有在大企業工作的經驗，更是錦上添花。

換句話說，**現在的學生想進入大企業，並不是為了「追求人生的穩定」，而是以辭職為前提「提高自己的市場行情」**。

不斷橫向發展的成長需求

以前，在尊敬主管的底下磨練，就會有得到成長的實感。

然而**對現在的年輕人而言，在線上不斷橫向發展，才會感到自己有所成長。**

想要透過工作提升自己的市場行情，獲得穩定的生活和高薪。

對抱持這種事業觀的年輕人而言，在一間公司追求持續性的成長這個選項根本不在考慮範圍內。

他們會透過Twitter等平台，和完全不同領域的人交流並成為朋友。尤其是高意識系年輕人，他們會跨領域和各式各樣的人接觸，互相分享知識和技術。

這種刺激的合作能提高他們的經驗值，所以他們**會非常積極地藉由各種邂逅管道與「厲害的人」交流。**

然後從這些人脈中，再更進一步與各種社群及團體建立連結，與更厲害的人交流。

這就是在意橫向成長的年輕人，會利用社群平台實行「稻草富翁（譯註：稻草富翁是一則日本童話故事，內容描述一名男子透過以物易物，最後成為大富翁）式成長策略」的原因。

立志成為斜槓族，是一種自我意識的流露

另一方面，也有些年輕人是因為在意他人的眼光，而想成為斜槓族。

現在大家能在社群平台上看到朋友和認識的人各式各樣的工作方式，於是就會忍不住去比較，常常覺得別人家的月亮比較圓。最具代表性的例子，就是先前煩躁情境介紹過的「主管扭蛋」和「分發扭蛋」（184頁）。

如果自己只有一份像「扭蛋」一樣的工作，又不如別人時，就沒辦法找藉口推拖。但是若同時有好幾個工作，就能有一勝一敗或二勝一敗之類的狀況（＝不是全盤皆輸的狀況）。如此一來，就可以保住一定程度的尊嚴。

換言之，**現在的年輕人之所以會想要同時從事多份工作，是因為他們具有有強烈的**

分散風險意識。

先前已經提過「依附在一間公司底下有風險→想要提高個人的市場行情」這種意識。但是，也有一些人是**基於「比不過別人的風險→想要維護自我意識＝虛榮心」的想法才成為斜槓族。**

也許是這個原因，年輕人甚至會認為頭銜愈多愈好。

實際上也有些年輕人同時擁有好幾張名片，在交換名片的時候，對方說：「其實我還有在做這個……」並拿出一張又一張名片的情況也屢見不鮮。這種時候，年輕人的神情中總是會流露出些許自豪。我認為這就是一種自我意識的流露。

對未來的不安和過多的資訊量，會增強事業上的強迫觀念

明明就快要迎來人生百年時代，為什麼年輕人會活得如此急躁呢？

其中一個原因，就是他們對未來感到不安。

要是不靠自己的力量持續精進，以後沒有人會照顧自己。因此他們才會覺得必須分秒必爭地精進自我。

另一個原因是，社群平台上的過量資訊。他們尤其在意生活和工作方式的內容。**我必須比別人在社會上混得更好**——這個意識驅使著年輕人行動。

他們看起來像是把公司當作墊腳石，罔顧本業去做一堆其他的事，似乎對我們前輩長年盡忠職守的公司很沒有歸屬感。

我們前輩對這樣的年輕人感到煩躁的同時，其實內心也會忍不住湧出凌駕於煩躁之上的寂寥感。各位是否有這種情緒呢？

然而，**年輕人也是在他們身處的情況中拚命努力著**。

因此，我們是不是該稍微體諒他們一點呢？

第5章
「看見不熟科技者就一臉鄙夷」的年輕員工使用說明書

太過數位化也不好吧……

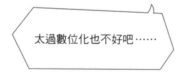

㉝寄出重要電子郵件之後，應該通知我一聲吧？

前輩的煩躁

從下屬那邊收到了關於客戶要求的電子郵件。這是相當重要的事情，但差點就被我漏看了。我一天會收到幾十封電子郵件耶。要是被埋沒在信箱裡沒看到，可是會對客戶造成很大困擾的。寄出重要電子郵件之後，應該通知我一聲吧？

年輕員工的真心話

不是啊，若是非得通知一聲才行的話，那寄信意義何在？工作的電子郵件怎麼可以漏看呢？如果是我說出「沒看到電子郵件」這種話，肯定會被修理一頓的。

這是第二個關於職場報聯商的認知落差。

在「為什麼不早點來找我商量？」（108頁）的篇章中，我們已經談過商量方面的煩躁，而這次是關於聯繫方面的煩躁。

雖然只是細微的落差，但這是個發生頻率很高的問題。

現在的年輕人溝通都很不仔細……

通知一聲「我剛剛寄了電子郵件，麻煩確認一下」是一道能使工作順利進行的重要程序。這種貼心舉動不只適用於公司內部溝通，在與客戶建立關係時也派得上用場。

總而言之，前輩世代期待年輕人在工作上具有額外多幫對方做一點的服務精神，寄出電子郵件時應該加上口頭的確認報告。

懂得為人著想，才稱得上是獨當一面的社會人士，這件事難道必須一教再教嗎……從教育指導的觀點來看，這確實令人感到煩躁。

然而另一方面，就如同前面三番兩次提起的，年輕員工是討厭白費工夫的超理性主義者。**寄了信還要口頭再度確認，簡直是浪費時間至極**。他們覺得這件事很沒效率。

但是，只用「商務禮儀vs.理性」的對立結構來概括這件事也不太妥當。

就像序章提過的，形成這層落差的根本原因，還是在於前輩世代跟不上數位化溝通的腳步這個極為單純的物理性問題。

在這個時代，一天收到幾十封，甚至幾百封信件也不足為奇。

對於前輩世代而言，肯定很有壓力吧。而且，最近用聊天軟體溝通的情況也增加了。就連我自己在工作時也是膽顫心驚，生怕漏看了重要信件……

前輩之所以會覺得「單方面寄出信件也不通知一聲是很失禮的」或「出紕漏的時候，怎麼可以用一句『你沒看到電子郵件嗎？』就把過錯全推到別人頭上」，都是因為在電子郵件的資訊處理上沒有百分之百的自信。在心裡的某處，還認為漏看是難免的事。

但是，年輕人以智慧型手機為武器，每天獲取大量的資訊，並且以超高速度處理那些資訊，自然會認為確認電子郵件是理所當然的事，錯的是漏看郵件的人。

前輩說「要懂得為人著想」，難道不是在為自己漏看電子郵件找藉口嗎？

公司裡的年輕員工即使嘴上不說，應該也已經看透這件事了。

煩躁消除法

告訴年輕人在工作上要懂得為人著想，是很重要的一件事。

但是，如果無視於自己低落的數位素養，就**開啟「讓我來教教你們這些年輕人前輩的禮儀」這種說教模式，年輕人大概是完全聽不進去的**。最後只會讓他們覺得你在模糊焦點。

為了不讓他們有這種想法，並讓他們理解為人著想的重要性，我認為前輩世代必須更加習慣運用數位工具才行。

㉞在信件中加上「一直以來受您關照了」這句問候，不是常識嗎？

前輩的煩躁

用電子郵件與公司外部的人聯繫時，開頭要先寫一句「一直以來受您關照了」作為問候。這是基本的商務禮儀且行之有年了，不寫這句對對方會很失禮吧？如果對方寄來的電子郵件裡沒有寫「一直以來受您關照了」，我也會感到很驚訝。

年輕員工的真心話

電子郵件裡面的「一直以來受您關照了」，根本沒必要吧？比起繁文縟節，對方期待的應該是回信速度吧？回信速度慢的人，才會囉囉嗦嗦地寫一大堆「一直以來受您關照了」、「非常抱歉讓您久等了」之類的話。說真的，我只想趕快進入正題。

商務電子郵件總是會以「一直以來受您關照了」這句問候作為開頭。

但是，這句幾乎可以算是預設用語的「一直以來受您關照了」，真的是必要的嗎？在很多地方都能聽見關於此事的辯論。

某項調查顯示，有31．2％的調查對象回答「我覺得『一直以來受您關照了』這個電子郵件預設用語差不多可以拿掉了」。然而這也代表，社會上還有七成的商務人士認為這句問候是有必要的。

「光是寫上這句話，整個文章看起來就會比較有禮貌，非常方便好用。」

「因為這是一種禮儀，要拿掉應該很難吧？」

「雖然覺得每次都要加這句話很繁瑣，但是不用的話，思考其他問候語似乎更麻煩。『一直以來受您關照了』已經存在常用詞語裡，用起來不會有麻煩的感覺。」

如上所述，**占了大多數的並不是積極的贊成派，而是消極的贊成派**。

但是，大家常用到把這句話設定在常用詞語裡，這正代表向對方盡禮數的心意已經名存實亡了。有一種本末倒置的感覺。

而這種作壁上觀的意見，大多都是來自於前輩世代。

另一方面，年輕員工心裡對「一直以來受您關照了」這句話當然抱持著否定態度。如同開頭所說，他們認為根本沒有人會讀「一直以來受您關照了」這句話，所以想要省略。雖然用這句話能給人有禮貌的印象，但是沒有人會被千篇一律的文章打動，既然如此就沒必要用了。

高意識系年輕人的態度則更加激進。

他們認為，速度快才稱得上是有能力的商務人士。愈會賺錢的商務人士，愈注重及時回覆郵件這件事。優秀的人回覆速度都很快，而且內容都非常直截了當。

相反地，工作能力愈差的人，回信的速度就愈慢，而且內容冗長。這類郵件往返往往會拖慢工作節奏，因此形式和禮儀一點也不重要才對。

回信速度慢、內容冗長的郵件，是剝奪別人時間的惡行。

現在的年輕人是認真這麼想的。

煩躁消除法

看了公司內部聊天室的訊息，會驚訝地發現不用提文章了，有時甚至連單詞都不存在。例如「瞭解」簡化成「瞭」，或是只用一張「OK」貼圖草草帶過。

這種速度感，讓前輩世代還在打「一直以來……」的「一」的時候，就被年輕人遠遠拋在後頭。

但是也不能因此就煩躁地認定「那個小鬼寫不出情感真摯的信件」或「他是個沒常識的傢伙」。用不著前輩擔心，他們在應對客戶時意外地很得體（先不論心裡是怎麼想）。

「比起繁文縟節，對方期待的應該是回信速度吧？」各位不覺得開頭的這句年輕員工真心話頗有道理嗎？

如果「往後要承蒙您關照了」、「後續就麻煩您了」這些話語只剩下表面形式，或許就有必要重新審視一下了。

㉟我傳的訊息被說是「大叔文體」，那到底該怎麼寫才對嘛？

前輩的煩躁

我傳給下屬的訊息似乎被認為是「大叔文體」。我沒有這個自覺，所以被關係親近的後輩點出來時很受打擊。我可是想稍微表現得親切一點、為他們著想才這樣寫的。如果寫得和平常一樣，又會顯得冰冷又可怕，到底該怎麼寫才對？

年輕員工的真心話

隨著遠距工作的持續，我開始會收到主管傳來的「大叔文體」訊息。居然真的和傳說中的大叔文體一模一樣。但畢竟是主管傳來的訊息，也很難開口表示反感……但說實話，我真不知道該做何反應。唉～

辛苦了！！！每天都熱到不行，好難集中精神（汗）
啊，可能是上年紀了吧！
話說回來，資料準備得怎麼樣了呀？
正式提報之前我想要確認一下，
所以麻煩這週末前傳給我囉（敬禮）
告一段落之後，大家一起去喝酒吧（酒杯）

大家知道什麼是大叔文體嗎？**所謂的大叔文體，指的是中高年齡層的前輩世代在社群平台上「經常出錯」的文字溝通。**

最具代表性的是「流汗表情圖案」、「！或!?等圖示」、「小〇（綽號）」等，這種會讓年輕人收到時覺得「好煩」或「好噁」的失敗文體，最近蔚為話題。

隨著遠距工作普及，現在公司內部的溝通從面對面或電話，逐漸變為文字訊息，使用企業即時通訊軟體的公司也增加了。當對話變得像LINE一樣輕鬆，似乎就很常發生不慎寫出大叔文體的案例。

像前一頁的上圖，就是年輕人眼中的大叔文體。

不少前輩世代認為，對年輕員工來說自己地位較高又年長，為了不帶來壓迫感，必須處處留意。然而，**這份想要與年輕員工親近、不讓他們感到害怕的心意，卻造成了反效果。**

前輩當然不是故意為了讓年輕人煩惱才傳這種大叔文體訊息的。但是，這種充滿顧慮、試圖拉近距離的訊息，會讓人覺得「故作親近」或「很諂媚」。看在身為數位原住民的年輕人眼裡，應該是非常不協調的吧。這種感覺，大概就和大阪人聽到東京人操著一口冒牌關西腔一樣，會感到渾身不對勁。

不過，對前輩世代而言，自己的訊息被說成「大叔文體」，當然是非常受打擊的一件事，**心裡難免會煩躁地想：「我是為你著想才使用這種親切文體的，竟然說我噁心，那到底要怎麼寫嘛！」**

煩躁消除法

針對大叔文體的問題，我試著想了幾個前輩世代可以採取的解法。

第一個是，不熟悉就不要使用輕鬆的說話方式。

這就和不要亂用關西腔講話一樣。想與年輕員工拉近距離，可以利用面對面溝通等其他方法來彌補。

第二個是，工作上的往來盡量使用電子郵件。

如同前述，若是用LINE這類工具，距離容易近到讓人覺得奇怪。和過去一樣使用電子郵件溝通，應該就不太會出現大叔文體的狀況。

第三個，就是不要在意。

最近有一些大叔文體被說「很可愛」、「很搞笑」而受到歡迎，也有一些年輕女性開始使用大叔文體發訊息。**看開一點，比起當一個大家不害怕的角色，不如當一個可以讓大家開玩笑的角色，這也不失為一個好方法。**

這種想法也適用於前輩的自我揭露，這部分會在終章進行解說（264頁）。

㊱別用電子郵件，打個電話不行嗎？

前輩的煩躁

最近在工作上要打個電話很不容易啊。打電話給年輕人，他們也常常不接。光用電子郵件又很難傳達言外之意，我覺得打電話談事情還是比較有效率。年輕人明明開口閉口都是生產力，卻很討厭用電話溝通，真搞不懂。

年輕員工的真心話

我覺得電話是個剝奪別人時間的工具。工作的時候電話一響，就會害工作強制中斷，不是嗎？步調會被打亂，總之真的很討厭。有事找我的話，用電子郵件不行嗎？再不然用通訊軟體也可以啊。

關於工作上打電話這一點，現在前輩與年輕人之間的意見愈來愈分歧。

與前面章節中「在信件中加上『一直以來受您關照了』這句問候，不是常識嗎？」（208頁）裡面出現的煩躁相比，這個問題更加嚴重。

現在大部分的年輕人都認為「電話是剝奪時間的萬惡工具」。

看到這裡，各位肯定疑惑地想：「年輕人不是最愛用手機嗎？」

但是，請各位這樣問問看公司裡的年輕員工，他們應該會立刻回答：「用手機是為了用LINE或玩遊戲、聽音樂啊，又不是為了打電話。」

在這種情況下，又遇到了疫情，使遠距工作一下子普及開來。

原本的局面是電話vs.電子郵件，但是現在更具即時性的企業即時通訊軟體也開始普及。隨著工作上的溝通方式更加多樣化，「電話的是與非」又進一步受到放大檢視。

「**光靠電子郵件講不清楚，可以打電話嗎？**」這一派的前輩，認為光靠文字難以完整傳達言外之意，而打電話可以當場詢問，較容易取得共識，有什麼不好？

就像開頭的前輩一樣，認為打電話談事情比較有效率，就是出於這個道理。

對於年輕員工的真心話，相信不少前輩會忍不住想問：「口口聲聲說電話會剝奪別人的時間，但是這頂多幾分鐘的時間，到底是能產出多少成果？」

然而，**年輕人覺得自己被剝奪的，不僅僅是講電話的那幾分鐘（當然，他們也不想被剝奪實際上講電話的那幾分鐘）**。

對年輕員工而言是這樣的情境：

前輩覺得彙整資訊並寫成文字很麻煩↓無預警地打電話過來，想到什麼就講什麼↓結果會議紀錄或備忘錄這類彙整資訊的工作還是得由自己來做↓這些事情又剝奪了自己的工作時間……

換句話說，講電話的那幾分鐘只是冰山一角。

以一通電話為起點，資訊處理能力差的人硬是塞給自己多餘的工作。這便是年輕員工的感受。

煩躁消除法

乍看之下，我們是在談論「雙方在溝通工具上的分歧」，然而本質上其實是在談論「雙方運用時間上的價值觀差異」。從這層意義來看，這種煩躁是一個相當根深蒂固的問題。

第三章也曾經提過，現在的年輕人覺得時間非常寶貴（160頁）。

因此許多年輕人希望，如果非打電話不可，至少先用電子郵件或通訊軟體詢問：「現在方便打電話過去嗎？」

咦？這不就和「寄出重要電子郵件之後，應該通知我一聲吧？」（204頁）這個煩躁情境中，前輩對年輕人的要求一模一樣嗎？真令人忍不住想這樣吐槽。

不過，這就代表年輕人真的覺得「電話是剝奪時間的工具」，甚至到了希望對方能為自己考慮的地步。

他們對電話的感冒程度遠超我們前輩的想像，我們必須對此有所自覺。

㊲希望他們在視訊會議的時候可以開啟鏡頭

前輩的煩躁

線上視訊會議也算是正式會議，當然必須露臉吧。應該說，我根本不懂為什麼他們會覺得可以「只出聲」參加。但要是沒想清楚就強制他們露臉，又可能被扣上職權騷擾的帽子……真是麻煩死了。

年輕員工的真心話

在家工作有時候會穿居家服啊。這種彈性的工作方式不就是遠距工作的優點嗎？歸根究柢，明明是在線上開會，我不懂為什麼一定要「露臉」。只要有認真聽、認真發言，「只出聲」參加有什麼不行呢？

愈年輕的員工，愈不喜歡在視訊會議中露臉。

我經常從前輩世代口中聽到這樣的煩惱。

隨著遠距工作成為常態，線上視訊會議也逐漸普及。

一般來說，視訊會議工具都可以透過鏡頭設定，選擇要不要開啟自己的視訊畫面。

然而，有主管表示：「該說是感覺和新世紀福音戰士中的SEELE一樣嗎？總之整場會議毫無生氣……」雖然聽得見聲音，畫面上卻只呈現「SOUND ONLY」這幾個大字。這個在熱門動畫《新世紀福音戰士》裡經常出現的會議景象，確實和沒有畫面的視訊會議非常相似。

某項調查資料顯示，針對「您參加視訊會議時會開啟視訊鏡頭嗎？」這個問題，回答「每次都會開啟」、「算是常開啟」的人合計占了61・3%。

由此可知，有六成以上的人會露臉。不過反過來說，剩下四成的人則對露臉抱持消極態度。

順帶一提，根據同一份調查，回答在線上開會時「看得到對方的臉會更容易溝通」的人有71．7％。令人忍不住想吐槽，自己不露臉卻想要別人露臉是什麼意思啊？

實際主持過視訊會議的人應該深有所感。在看不到對方的臉、沒有任何人給予反應的狀態下，單方面說話是非常不容易的。前輩世代負責主持會議的機會通常較多，從這個觀點來看，會想要別人露臉是再自然不過的事情。

令人頭痛的問題是，**要怎麼說服不願露臉的年輕員工，又不會被說是職權騷擾呢？**

煩躁消除法

其實，專家的見解是這樣的。

在取代面對面會議的視訊會議中，要求大家「露臉」或「打開視訊鏡頭」，一般來說並不會構成職權騷擾。從提高會議效率和效果的觀點來看，要大家露臉不能算是不合理要求。

換言之，前輩世代可以堂堂正正地提出這個要求，只要留意一下表達方式就好。

從一開始就**定下「參加線上會議時必須露臉」這個規定也是有效的辦法。**

需要注意的是，採用這個做法時不要只是由上而下傳達指令，要先透過幾個步驟，讓不願意露臉的員工理解其中用意。

而讓對方理解在線上視訊會議露臉為何如此重要的有效方法，就是告訴對方「這樣才能讓所有與會者擁有共同意識」或「有些事情是透過表情才能傳達的」等容易理解的要點，且記得要在符合自身組織文化的情況下進行。

另外，也可以根據會議內容，以個案方式訂定規則，有時候不用特地露臉也無妨。例如：只是為了傳達注意事項而召開視訊會議時，或許就沒必要特地開啟視訊鏡頭。

並不是無論如何都得露臉。若能做出這樣的取捨，也會更容易獲得他人理解。

㊳不管怎麼說，紙本文件就是比較容易閱讀啊

前輩的煩躁

唉呀，我也知道現在是無紙化的時代了。畢竟特地印出紙本資料既費工又花錢。可是，我始終不習慣看電腦螢幕。不管怎麼說，紙本文件就是比較容易閱讀啊。還是希望資料可以印出來。

年輕員工的真心話

什麼資料都要印成紙本，會不會太老古板了啊？在學生時代，明明什麼東西都用手機或平板分享才是常態。總覺得出社會以後，好像穿梭時空回到了過去。而且負責影印的幾乎都是我，真的超麻煩。

我年輕的時候，最重要的工作之一就是影印會議上要用的資料。也許是股東會議的關係，印象中內容量多的時候，光是一人份資料就有一百頁，總是要埋頭印個不停。

不僅如此，只要有一個地方修改，就得重印那一頁並一一替換，（儘管已經費盡千辛萬苦用超強力釘書機把厚厚一疊資料釘起來）還得把釘書針拆掉再重釘一次。現在想想，這真是個超級浪費時間的工作。

但在當時，我會覺得自己被交付了一項非常重要的任務。

影印出會議議程及參考資料，並依照那份會議資料開會。在那個會議通常都是這樣進行的時代，**「紙本資料」可說是會議的骨幹。**

而且，那份資料印滿只有高層才知道的情報，對一介年輕員工來說是非常神聖的；或者應該說，**負責影印這份資料的任務，會令人感到相當自豪。**

對現在的年輕人說這件事，他們大概不能理解吧。

不僅是開頭的年輕員工，**對於從學生時代就開始接觸平板的世代而言，紙張這種載**

體根本宛如上個世紀的東西。

再加上還要耗費時間印刷，對討厭浪費時間的年輕人來說，這大概是最難以接受的工作了。

綜觀大局，無紙化是時勢所趨。

日本在距今二十年前展開數位化，經過好幾次修法後，如今重要的國稅相關文件也能以數位方式保存。由此可知，這股緩和的潮流正在加速。

塞滿文件的櫃子一字排開，是辦公室特有的光景。但是去驗證這些文件是否有以紙本形式保管的必要性之後，就會意外地發現其中有不少根本沒必要留存紙本的資料。

尤其是會議資料的無紙化，不僅能如前述一樣，徹底排除將時間浪費在無謂事務上的情況，還有減少印刷成本、（只要把資料上傳到雲端）何時何地都能取得資料、搜尋資料更容易、（只要設定密碼）保護資訊安全、更環保等多不勝數的優點。

年輕員工非常樂見這波無紙化的趨勢。

前輩世代理智上當然也明白。

現在之所以還存在許多紙本信徒，幾乎都是因為熟悉度問題。

總的來說，只是因為不習慣而感到煩躁而已。

煩躁消除法

當然，前輩本人認為「還是紙本最好」這種案例也是有的。

另一方面，應該也有人是無法對自己主管那世代的「紙本至上作風」提出異議吧。

雖說如此，辦公桌上堆積如山的文件，大多都只是在會議中用過的資料殘骸。

有時候上面還記載著極度機密的資訊。

紙本不紙本，已經是牽涉到公司資訊管理制度的重大問題。

我也喜歡紙本資料，但是把這個觀點考量進去，就認為只有推行無紙化一途了。

㊴不好意思，我打不開檔案（汗）

前輩的煩躁

將附加檔案加密，傳送受密碼保護的Zip檔。我知道這是為了防止資訊外流，可是光被要求輸入密碼，就讓人很焦躁啊。對方傳來的密碼超級複雜，導致我常常打錯。是不是故意弄得這麼複雜啊？咦？密碼通常都是用複製貼上的？早說嘛！

年輕員工的真心話

密碼複製貼上就好，我之前不是已經說明過了嗎？前輩總說IT很難懂而毫無理由地排斥，但這是入門中的入門耶。再說，這也是工作上必備的技能，不去想辦法學會，我覺得是一種對工作的怠慢。

IT（資訊科技）如今已經是必備的商務工具了。少了科技，肯定會有不少企業活動根本難以進行，因此這也成了每位社會人士理所當然要會的工作必備技能。

儘管如此還是不會，那就是不願意去學習的人的問題了。

如同序章提過的，現在的年輕人是數位原住民。他們從學生時代開始，就在上課、寫論文、找工作時，頻繁地使用電腦和平板這些工具。

因此就像開頭的情境一樣，在具有較高的科技技能及素養並積極運用的年輕人眼中，**「對科技不熟悉＝怠慢」**。

「科技騷擾」就是在這種狀況下產生的。

科技騷擾指的是，針對不熟悉科技、不太會用電腦和手機等科技產品的人，進行的霸凌或騷擾。

現在是什麼都能構成騷擾的時代，而大多數在職場上發生的騷擾都是上對下，本書目前為止提過的騷擾案例也是如此。

但是，**科技騷擾幾乎都是「下對上」**。

年輕人會對記不住數位工具使用方式的前輩說：「這我之前已經說明過了吧？」使前輩大受打擊。

換言之，在科技普及的現在，已經是上位者會受到下位者騷擾的時代了。

一開始，受到科技騷擾的對象是對科技工具極度生疏的部分中高齡員工。

年輕人看見連寄一封電子郵件都要花很久時間的前輩，常常會煩躁地咂舌。而工作能力愈好的前輩，自尊就愈容易受損。這樣的情況在過去相當常見。

然而，隨著利用雲端服務的機會增加、受疫情影響而導入居家辦公和遠距工作等，環境又迅速發生了改變。

開頭提到的檔案寄送方法，就是其中一個例子。

這種檔案寄送方法稱為ＰＰＡＰ，由「受密碼（Password）保護的zip檔」、「寄送密碼（Password）」、「加密（日文寫作「暗号化」，讀音「Angouka」）」、「協定（Protocol）」的首字母縮寫組成，是在日本行之有年的常見資安策略。

然而，這種方法現在被質疑太過脆弱。

日本數位廳也提出了「中央部會職員不可以使用PPAP」的方針。

相信聽在我們前輩耳裡，簡直猶如晴天霹靂，心想：「什麼？我好不容易才學會，現在又要改變方法？」

煩躁消除法

即便是具有一定程度數位素養的前輩，也會逐漸跟不上日新月異的科技發展。但是，此時不邁出腳步，差距就會愈拉愈大。

在這一點上，我們前輩只能盡量努力追趕了。

科技騷擾的恐怖，正在悄悄接近我們（泣）。

㊵連接電腦這種小事，不能稍微幫忙一下嗎？

前輩的煩躁

最近公司換了新電腦。啊，最近已經不說電腦了，都是講PC吧？暫且不談這個，新電腦到底要怎麼設定啊？電子郵件設定、連接印表機、資料更新什麼的，我完全搞不懂。唯唯諾諾地去拜託年輕人幫忙，結果對方卻擺出一張臭臉。

年輕員工的真心話

設定和連接這些事，只是一次我當然願意幫忙。可是只要幫了一次，他們就會一下問這個、一下問那個，一直來煩我。到最後，不只是工作上的電腦操作，連自己私人的手機設定也要我幫忙。我又不是客服中心。

在「不好意思，我打不開檔案（汗）」（228頁）的煩躁情境中，介紹的是「科技騷擾」的案例。

其實，最近「**逆科技騷擾**」一詞也蔚為話題，意指將科技相關工作全推給擅長且相關知識豐富的員工。

這大概是**在職場居於上位且不擅長科技的前輩世代，出現「我不想面對新科技，全交給擅長的年輕人就好了」這種放棄想法而造成的現象**。

每個人都有自尊心，而年紀較長、閱歷豐富的人就更不用說了。要學習新的事物，就必須向其他人討教，或是自己想辦法學會。

但這時要是自尊心作祟，就會沒辦法坦率地請教下屬等年輕員工。

即便拿出勇氣向人討教，像設定電腦這種出現頻率極低的事務，學了還是記不住，又或者問了依然一知半解。然而，想要努力自學，又苦於基礎知識不足。而且資訊都在網路上，連查個資料都很困難。

像這樣遭遇挫折後，就很容易產生以後請別人幫忙就好的心態。

結果，社會上就出現了許多把科技事務全推給年輕人的前輩，網路上因而隨處可見這樣嚴厲的指責：

「過去很少接觸科技的世代，總是擺著高壓的態度逃避新科技。」

「說出『不懂是正常的』、『錯的是沒把它設計得淺顯易懂的人』這種話的人，根本是『老害』（編註：在日本指為老不尊、倚老賣老的麻煩老人）。」

「他們以為對電腦很熟悉＝什麼都會，連不懂的設定也硬要我處理。」

「像是安裝私人電腦等等，這些事平常是要付錢請人的，他們卻完全沒表示謝意。」

對於前輩理解科技的程度不足這件事，年輕人當然會感到煩躁。

但是讓他們更加煩躁的，是時間被剝奪。

一兩次還好，但是同樣的事情一問再問，或是拜託自己幫忙處理。對於重視時間的年輕人來說，這種會害別人處理事務的時間被壓縮的行為，顯然就是剝奪別人寶貴時間的不合理行為。

「熟悉科技的人是強者，不熟悉的人是弱者」這個觀念形成了科技騷擾的溫床。

但是，**前輩的撒手不管，又形成了「不熟悉科技的人是強者，熟悉的人是弱者」這種立場對調的結構。**

比起科技騷擾，逆科技騷擾的發生頻率反而更高且嚴重案例更多，難道不是嗎？

煩躁消除法

在「不好意思，我打不開檔案（汗）」（228頁）的篇章中也提過，前輩在這方面必須更加努力。

順帶一提，大多數意見認為必須具備的最低限度科技素養是會使用Excel和Power Point、設定遠距會議、將文件轉成PDF、設定電子郵箱、螢幕截圖。

各位前輩世代一起熟悉這五項技能吧！

啊，這也是在提醒我自己。

煩躁因素 年輕員工生態解說

在這個時代，科技素養低落根本是對工作的怠慢

現在年輕人在工作上追求理性和生產力，並且希望以最短距離獲得成長。另一方面，前輩世代卻更重視懂得揣摩他人心理、設想周到的做事方式，並認為有時候繞遠路也會有所收穫。

粗略地做個結論，這就是我們在第三章和第四章中討論的煩躁結構。

此外，雙方面對數位工具的態度上，也能感受到同樣的落差。

先前介紹過的煩躁情境「寄出重要電子郵件之後，應該通知我一聲吧？」（204頁）或

「在信件中加上『一直以來受您關照了』這句問候，不是常識嗎？」（208頁）都如實反映出這項價值觀差異。

但是，造成數位年輕人vs.傳統前輩這種結構的根源，還是在於「科技素養」上產生的落差。

本書已經提過很多次，現在的年輕人是數位原住民世代。他們自出生起就有網路，是拿著智慧型手機長大的孩子。在高中和大學的課堂上，也會接觸到電腦或平板。

另一方面，我們這些前輩則是長大成人後才被迫開始使用數位工具的世代。因此，**前輩和年輕人之間，才會出現像「從出生起就聽英語長大的人」和「長大後才去英語會話教室學英語的人」一樣的差距。**

用傳統方法做事的前輩受到白眼

「我用Excel做好銷量報表並提交給主管後，主管竟還用計算機一一驗算。」

我曾經從某位年輕員工的口中聽到這則笑話。

其實不少前輩會出現這樣的狀況：

不太會使用Excel函數→很容易弄錯算式→計算結果經常出錯→總覺得難以信賴→自己動手重新計算。

由此可知，前輩無法全然相信數位工具，導致深陷不擅長數位工具的泥沼，一不小心就會依賴起以前的傳統做法。

面對這樣的前輩，年輕人難免忍不住冷眼看待，和「寄出重要電子郵件之後，應該通知我一聲吧？」（204頁）這個煩躁情境中提過的一樣，認為：「那些大叔們口口聲聲地說『為人著想很重要』，結果根本只是在為自己不熟悉數位工具找藉口吧……」

科技騷擾與逆科技騷擾

序章也曾提過，年輕人運用數位工具，就能輕鬆超越前輩多年累積的經驗與知識。

換句話說，**前輩在職場上累積的經驗值正逐漸失去價值**。

這種職場氛圍最近愈來愈嚴重。

隨著「熟悉科技的人是強者，不熟悉的人是弱者」這種關係形成，「不好意思，我打不開檔案（汗）」（228頁）這個煩躁情境裡提到的科技騷擾也應運而生。

身為前輩，理應不能放任這種情況不管。

前輩若是為了保全自己的立場（樹立威嚴或保住面子），而用「撒手不管」這招來反擊科技騷擾，就會逆轉立場，變成「不熟悉科技的人是強者，熟悉的人是弱者」這種架構。這就是在「連接電腦這種小事，不能稍微幫忙一下嗎？」（232頁）篇章中提到的逆科技騷擾。

總而言之，數位世界進化使職場上前輩與年輕人爭奪主導權的問題浮上了檯面。

科技素養到底是什麼？

不管怎麼說，關於第五章數位vs.傳統的爭論，前輩其實比較站不住腳。

坦白說，我也不太擅長科技，感覺時代真的變得愈來愈難生存了。

最後，讓我們再重新梳理一遍關於科技素養的內容，並思考對我們這些前輩來說什麼才是重要的吧！

所謂的科技素養，就是在說電腦素養。

舉凡電腦打字、快捷鍵的熟練度，以及Word、Excel等Office軟體的應用等等，各種與電腦相關的知識與操作技術能力。

數位原住民和我們前輩最大的落差，就在於這個項目。

之前也說過，至少要掌握這幾項技能：會使用Excel和Power Point、設定遠距會議、將文件轉成PDF、設定電子郵箱、螢幕截圖。

不過，在具備最低限度電腦素養的前提下，**對我們前輩來說最必要的，可能是「資訊素養」**。

資訊素養特指能從網路等處的大量資料中，快速找出正確且有幫助的資料，並靈活運用的能力。

網路上的資訊良莠不齊，同時存在有用的訊息和假訊息。

而正因為身處於資訊爆炸的年代，我們才需要懂得如何正確運用資訊，這個能力也因此更加受到重視。

這麼說來，資訊素養可以算是位於最「上游」的科技素養。

在電腦素養方面，前輩們再怎麼努力，可能充其量也只能達到不會拖累年輕人的程度而已。

然而，資訊素養雖然也不容易磨練，但是根據自己的經驗法則，提高敏銳度並吸收新知，各位不覺得好像還做得來嗎？

接下來**最重要的，就是評估獲得的資訊並靈活運用、找出答案。**

這不就是我們這些前輩磨練已久的技能嗎？

而且，這項技能也是工作的骨幹。

在這一點上，我們絕對不能輸給年輕人，所以一起加油吧！

終章

寫給不只想要消除煩躁，還想進一步與年輕人打好關係的前輩們

1 想與年輕員工建立良好關係，就要成為這種前輩

消除職場煩躁的真正目的

「現在的年輕人」這個論點，自人類有史以來便存在。

然而，這個時代我們所感受到的「現在的年輕人啊……」這種煩躁感，和先人們顯然是完全不同等級的。這在本書的開頭和序章都說過了。

如今造成煩躁的代溝，已經巨大到可以稱作「世代分裂」的程度。但是，我們前輩要發洩煩躁卻變得前所未有地困難。

我抱持著「希望生在這種受難時代的前輩世代，可以稍微變得輕鬆一點」這個想法，在第一章到第五章列舉了各式各樣的煩躁情境。冷靜地觀察、研究前輩與年輕人

之間的認知落差，並摸索出每種情況的解決方法。

如果各位看完本書，覺得「壓力稍微減輕，工作時情緒似乎也沒那麼緊繃了」，我將感到無比的喜悅。

接下來要向各位介紹的是，與時下年輕員工建立良好關係的溝通方式。

消除煩躁之後，各位的職場生活會逐漸「從負數歸零」。

若想進一步「從零轉正」，就需要閱讀接下來偏向於進階應用的內容。

希望拿起本書的讀者，都能夠看到這裡並瞭解如何從零轉正。

總而言之，終章將要介紹給各位的系統化做法，就是如何**「讓每一位年輕員工都能神采奕奕地工作，並為組織注入活力的溝通方法」**。

年輕人各個神采奕奕、自動自發的組織

一起來想想看，我們前輩世代心目中理想的狀態是什麼吧！

是**公司的年輕人積極主動且神采奕奕地工作**，對吧？

若能如此，就不需要對每件事下達詳細指示、照顧並督促他們，大幅改善「因為顧慮太多反而不敢多說什麼」的狀況。

換言之，「年輕人自動自發地採取行動」如果成真，前輩的煩躁應該會減少到趨近於零的程度。

那麼，該怎麼做，才能讓年輕人神采奕奕地工作呢？

關鍵字就是**「敬業度（Engagement）」**。

「Engagement」本來是婚約、誓約、約定、契約的意思；而在職場上則引申為從業

人員對公司的忠誠度、歸屬感、貢獻意願等。

只要敬業度提高，活力與熱情就會隨之高漲。

日本厚生勞動省的「令和元年版勞動經濟分析」中呈現出一種傾向，敬業度的分數愈高，回答自己並非是因為指令、而是發自內心努力工作者的分數就愈高。

敬業度也被定義為企業和從業人員彼此影響、成為命運共同體，在加深連結的同時也能獲得成長的關係。

這裡說的「彼此影響」便是關鍵。

有了對企業的忠誠度，就會萌生貢獻意願，因此企業會努力讓員工產生忠誠度。

這是一種互相的關係，並不僅是指從業人員對工作、職場或待遇感到滿足的狀態。

據說**在敬業度較高的組織裡，希望對組織有所貢獻的從業人員會自動自發、積極認真地工作，因此勞動生產力也會提高，有望提升業績。**

這種狀況不是非常理想嗎？

2 必須事先掌握的四個要點

敬業度樹

為了達到「使年輕人自動自發、神采奕奕地採取行動」這個目的，我們該如何提高員工對組織的忠誠度、歸屬感和貢獻意願，打造出高敬業度的狀態呢？

針對提高敬業度的具體做法，我整理出一套系統化的溝通平台，稱為**「敬業度樹」**。

要提高工作者的敬業度，**為「成長」提供支援的意識**非常重要。

之前也說過好幾次了，現在的年輕員工特別在乎自我精進這件事。

接下來，**就是建立「信任關係」意識，作為支援成長的基礎**。

因為，當一個人信任自己所屬的企業或組織，才會想要老實地在組織內持續精進。

敬業度樹

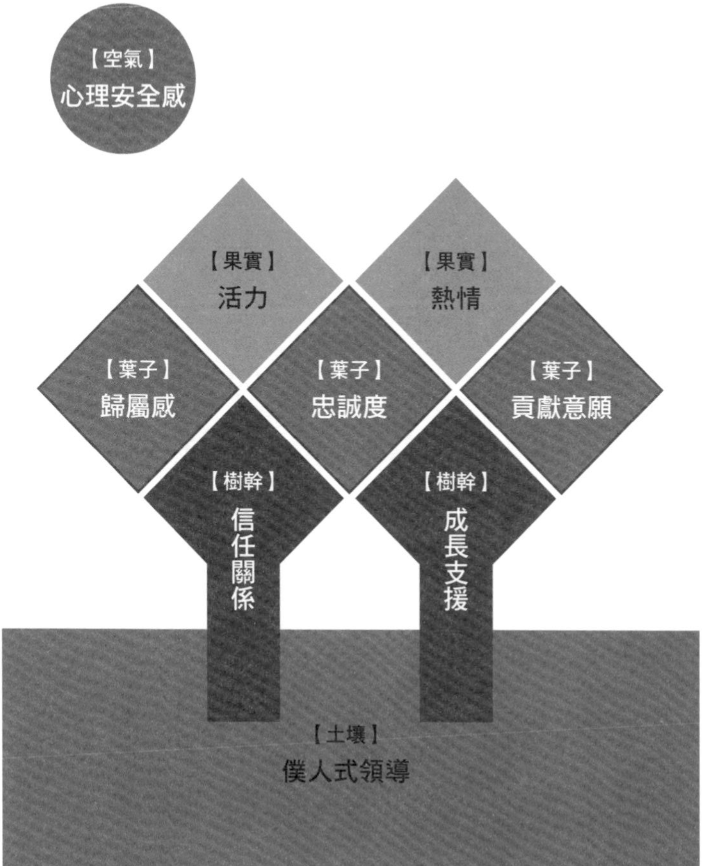
【空氣】
心理安全感
【果實】
活力
【果實】
熱情
【葉子】
歸屬感
【葉子】
忠誠度
【葉子】
貢獻意願
【樹幹】
信任關係
【樹幹】
成長支援
【土壤】
僕人式領導

大家可以把敬業度樹想像成一棵樹木，上面長著名為忠誠度、歸屬感、貢獻意願的茂密綠葉，並不斷結出名為活力與熱情的果實。

而建立信任關係以及為成長提供支援的溝通技巧，則是這棵大樹的樹幹。

此外，在這棵樹的成長過程中，名為「心理安全感」的空氣（職場環境）和名為「僕人式領導」的土壤（相處態度），則會為其帶來正面影響。

簡而言之，想要讓年輕人自動自發地行動起來，必須先掌握以下四個要點：

①作為職場環境的重要空氣「心理安全感」

②作為相處態度的重要土壤「僕人式領導」

③建立「信任關係」時的溝通技巧

④為「成長」提供支援時必須具備的溝通技巧

廣受矚目的心理安全感

最近，在組織管理和團隊建立領域最流行的單字之一，就是「心理安全感」這個心理學用語。

其含意是「讓人不會懼怕他人的反應或感到羞恥，可以展露出真實自我的環境」。

二〇一五年，Google（＝Alphabet公司）根據自己公司的專案營運研究結果，發表了「心理安全感是**建構一個成功團隊最重要的要素**」之後，心理安全感便受到許多人的矚目。

只要心理安全感獲得保障，團隊成員就不用偽裝自己，可以展現出真實的自我。

換句話說，就是具備讓年輕人認為職場是自己的容身之處、感覺「自己可以待在這裡」、「不管說什麼，別人都會認真聽進去，不會否定自己」的環境。

如果能夠放心地發言，自然就能建立團隊成員互助合作的關係。

不僅如此，也能更深入地瞭解彼此，並逐漸培養出信任關係。

如同前述，現在的年輕員工都會過度顧忌他人的想法。「同事會不會瞧不起我？」「這樣會不會遭到主管責罵？」現在年輕人總是很在意旁人的目光。

這導致他們有很多想法，卻經常閉口不談。

為了將年輕人從精神上的桎梏中解放出來，**心理安全感可說是現今職場上最需要的氛圍**。

遠端連線時的心理安全感

相較於被認為禁不起打擊的年輕員工，前輩世代的「威壓」非常強大。

而有時候那股威壓會演變成職權騷擾。

我認為，在疫情之前的職場，這種情形某種程度上算是很普遍的。

換句話說，站在心理安全感的觀點來看，「抑制威壓」就是溝通的要點。

然而，隨著疫情爆發，遠距工作普及化，職場情況也發生了巨大的改變。

現在職場所面臨的課題並非「濃縮的威壓」，而是完全相反的「溝通不足」。

隔著螢幕，我們很難確認工作進度，也很難讓對話熱絡起來。

換言之，遠端交流比我們想像的還要難以傳達真正的意圖和熱忱。

相信很多人也意識到，如今已經失去了藉由進公司上班而得到保障的交流模式。像是在休息室的自動販賣機前偶遇某人，於是當場閒聊起來。這種偶發式的交流，是遠端無法取代的。

要在遠端狀態下提高年輕人的心理安全感，重點在於能產生「熱量」的交流，比方說刻意設置閒聊時間、增加互動頻率等等。

尋求像夥伴一樣的領導者

接下來要說的是關於敬業度樹的土壤這一部分。

「僕人式領導」指的是以服侍的心態待人，**思考怎麼樣才能最大限度地發揮組織成員的能力，並致力於打造出該環境**的領導方式。

對前輩世代來說，提到領導，應該就會想到以強大的統率力引領下屬前進的權威式領導。

這種強大的領導者形象（有時候會過於強勢），是長年以來日本主流的領導方式。然而，至今為止已經說過很多次，年輕員工通常會認為這種高壓的領導方式很不講理。在他們心中，「像夥伴一樣的主管」才是最理想的。

從這個觀點來看，**僕人式領導就和現在年輕人的想法極為合拍**。至於原因，應該無需多言了吧？

總而言之，對我們前輩來說，必要的溝通土壤就是僕人式領導的態度。

具體來說，實踐僕人式領導的行動大概有以下幾點：

- **給予年輕員工權限，不要過度插手干涉。**
- **對年輕員工的成功、私生活充實度和健康表示關心。**
- **成為一個善於傾聽，且能以圓滑方式共享資訊的優秀溝通者。**

3 建議大家採取的五個行動

溝通不是才能，而是技巧。

正如同這句話所說，我相信溝通能力是可以透過後天訓練而成的。因此，接下來我將具體向各位傳授具有實踐性的溝通技巧。

前面提到，讓年輕人自動自發、神采奕奕工作的關鍵就在於敬業度。我經過系統化整理，提出了可以提高敬業度的溝通平台──「敬業度樹」。

簡單複習一下，所謂的敬業度樹，就是一棵長著名為忠誠度、歸屬感、貢獻意願的茂密綠葉，並不斷結出名為活力與熱情果實的樹木。

此外，這棵樹以名為心理安全感的空氣（職場環境）和名為僕人式領導的土壤（相處態度）為基礎。

我們前輩應當採取的行動，就是樹立這棵樹的樹幹——**進行「建立信賴關係、為成長提供支援」的溝通**。

而要提高年輕人敬業度的具體行動，有以下五項：

①更新打招呼方式

②用心傾聽，並爽快地自我揭露

③把「怒罵」改成「訓誡」

④建立工作目的的共識

⑤好好表達逆耳忠言

接下來，我將會一一進行具體的解說。

就算只實踐其中一項也好，請各位務必試著採取行動。

Action

①更新打招呼方式

打招呼的科學效果

大家覺得，表達認可最基礎的行動是什麼呢？

直截了當地說，就是「打招呼」。

或許有不少人會覺得：「事到如今怎麼還在說這個？」

但是，**無論是從腦科學還是心理學的觀點來看，打招呼都是一種能極為有效地向對方表達認可的行為。**

打招呼的日文寫作「挨拶」，語源是佛教用語。其原義是禪宗的禪學問答，後引申為表達尊敬與親近的行為。

心理學上認為，打招呼是向對方傳達「我對你敞開心房」「你可以待在這裡」「此時此刻，我們能夠見面真是太好了」的下意識表現。

看到這裡，是不是有人冒出這種想法：「打招呼這件事我每天都在做啊！」

那麼，請問各位平常都是怎麼打招呼的呢？

雖然有打招呼，視線卻緊盯著電腦；音量很小，說得很快。

各位是不是都用這種敷衍的態度打招呼呢？

要是用錯方法，好好的一句問候就會完全失去效果。

首先，要好好面對對方，看著對方的眼睛，用清楚的聲音打招呼。這就是正確的打招呼方式。當然，記得要面帶笑容。

打招呼時展露的笑容，有著「讓對方感到安心」的重要功用。

人類行為學家艾伯斯佛特（Irenäus Eibl-Eibesfeldt）博士的人類問候研究顯示，跨越人種與文化的打招呼共通模式，就是一定會露出「笑容」。

由此可知，與人相遇時展露笑容，是人類的本能行動。我們會下意識地利用笑容，試圖與他人圓滑地進行溝通。

因此，「沒有笑容的問候」反而會帶來一定程度的緊張感，使對方產生不必要的不安和警戒心。沒能透過笑容消除負面情緒，會對之後的溝通造成很大的影響。

從這層意義上來看，**打招呼時「一定」要露出笑容，並不是盡量就好。**

好感的互惠性

笑容具有能讓對方產生好感的力量。

追根究柢，對人展露笑容，是一種自己心中的喜悅或快樂等正面情緒滿溢出來時會出現的表情。

心裡覺得「和這個人在一起很安心」的時候，就會自然而然地浮現笑容。也就是說，笑容是對對方抱有好感的表現。

看見一個人對自己露出這種好感的表現，當然會對對方產生好感。這種以好感回應對方示好的心理機制，就稱為「好感的互惠性」。

另外，**先呼喚對方名字再打招呼也很有效果**。

在自己的名字被叫到的時候，人會對呼喚自己的人產生好感。

因為人類會下意識地喜歡自己的名字。當自己的名字被叫到，就會覺得對方也許對自己有好感。

在與笑容相同的好感的互惠性作用之下，對方也會對自己產生好感。

看著對方的眼睛，面帶笑容、呼喚對方的名字打招呼——

非常簡單，對吧？

如此持續下去，就能讓對方慢慢對自己產生好感，而那份好感會逐漸演變成信任。

Action

②用心傾聽，並爽快地自我揭露

人類最大的罪是不高興

前面提過了建立心理安全感的重要性，是打造可以展現真實自我的職場。而會產生「可以輕鬆說出真心話」這種感覺，正是因為有一個願意聽自己說話的環境。換句話說，**提高心理安全感的第一步不是別的，就是好好傾聽對方說話**。

前面已經提過很多次，現在的年輕人隨時都在顧慮旁人的目光。因此，打造可以輕鬆說出遇到的困難、報告壞消息的環境正是一切的關鍵。

能否讓年輕人產生這種感覺，就看前輩的手腕了。

然而，實際上往往不太順利。

在第二章的煩躁情境「為什麼不早點來找我商量？」（108頁）中也提過，**我們前輩經常散發出難以搭話的氣場**。應該不少人覺得被說中了，實際上，你們的臉看起來比自己以為的還要臭。

人類最大的罪是不高興——這是歌德留下來的至理名言。

的確，在擺著一張臭臉、渾身散發出不高興氣場的狀況下，是不可能讓人有心理安全感的。

而要如何好好傾聽對方說話，就需要磨練「傾聽技巧」。

在「有沒有好好聽人說話啊？」（52頁）的煩躁消除法中有稍微提過，關鍵在於**「傾聽」，而不只是「聽」**。

一言以蔽之，就是向對方表示「我有在好好聽你說話喔＝**我理解你**」。

重點在於，**當年輕人傾訴煩惱時，不要立刻給予建議，要先仔細傾聽對方說的話**。

這麼做才能夠理解對方。

傾聽這件事，需要很多訣竅和技巧，不過也有許多可以馬上實踐的簡單方法，例如：點頭或附和、傾聽時看著對方的眼睛等等。請大家從這幾個部分開始嘗試吧！

年輕人用自己的話把事情好好說出來，就能整理好自己的想法。另外，讓他們覺得自己說的話有被好好聽進去，他們就會對前輩產生安心感和信任感。

自我揭露就是卸下武裝

然而，防備心比較重的年輕員工，當然不可能輕易吐露工作上的煩惱或職場人際關係的問題。

這時候，以傾聽為前提的「自我揭露」就顯得相當重要。

自我揭露就如同字面所示，指的是向對方透露有關自己的私人訊息。

要讓對方敞開心房，必須自己先敞開心房才行。

當一個人面對另一個人的自我揭露時，會覺得「既然對方都透露這麼多了，那我也必須說一點自己的事」，產生想要回報自我揭露的心理。

其實，**自我揭露也有互惠性機制**。

對於每天在名為職場的戰場上穿著「鎧甲」、一路奮鬥至今的前輩世代商務人士來說，這種些許的自我揭露可能意外地困難。

但是請各位回想一下我之前說過的：年輕人追求的不是上下關係，而是夥伴關係。

在第五章提過的**科技騷擾，其實也能透過自我揭露解決大半**。（儘管將科技相關事務全丟給年輕人做不太好）藉由自我揭露不擅長科技這件事，很有機會拉近與年輕人的距離。

另外，在「我傳的訊息被說是『大叔文體』，那到底該怎麼寫才對嘛？」（212頁）的煩躁情境中也提過，**讓年輕人覺得自己「很可愛」也不失為一個好方法**。

這種時候，請卸下自己的武裝吧！

Action

③把「怒罵」改成「訓誡」

理想狀況是不要對憤怒感到後悔

「在與年輕人建立信任關係這件事情上，請各位選出一項最重要的溝通。」

如果被問到這個問題，各位會怎麼回答呢？我應該會回答「生氣方式」。

假設我們已經透過傾聽與自我揭露成功拉近與年輕人的距離，卻在他們犯錯時劈頭痛罵，之前的努力就功虧一簣了。好不容易打開的年輕人心門，又會啪嗒一聲關上。

想要醞釀出讓年輕人可以放心吐露心聲的心理安全感氛圍，或是想實踐非高壓的僕人式領導，不可或缺的一環就是磨練自己的生氣方式。

理想的溝通情況是，讓年輕人覺得自己「受到訓誡」，而不是「被罵了」。

先前在「心靈很容易受傷，不能嚴厲責罵……」（112頁）這個煩躁情境中提過，我希望各位實踐**「憤怒管理」**心法。

如果能夠好好訓誡，應該就能改善年輕人「討厭挑戰」、「因為怕被數落而不敢找人商量問題」等等的消極心態。

換言之，在「偶爾失敗一下不會怎麼樣吧？」（100頁）、「為什麼不早點來找我商量？」（108頁）中提到的煩躁情境，也能獲得解決。

憤怒管理是我將以下三階段的訓誡方法系統化而成，接下來將一一解說：

- STEP 1　控制憤怒的衝動
- STEP 2　控制憤怒的思考
- STEP 3　控制憤怒的行動

其**目的不是「忍住怒氣」，而是「不要對憤怒感到後悔」**。

提出警告時，基準不能動搖

第一步，是控制憤怒的衝動，也就是六秒法則。這在「心靈很容易受傷，不能嚴厲責罵……」（112頁）的煩躁情境中也提過。

下一步，是控制思考的基準。

歸根究柢，一個人之所以會生氣，是因為自己所認定的堅持遭到否定。

抱持著自己認定的理想這件事本身並沒有錯，但我們應該具體呈現出界線。

因此，試著**將自己心中的理想劃分出基準，區分出可接受、勉強接受、超過就無法接受的範圍吧**。

這麼一來，我們便可以瞭解自己的憤怒基準。

接著，就是**將憤怒基準定為規則，在職場上明文規範**。

在這個前提之下，若是有人打破規則，就可以好好地訓誡。

這就是最後一步，控制憤怒的行動。

明明犯的是同樣的錯誤，有時候沒事、有時候又被痛罵，會讓年輕人覺得不講理。

然而，這種基準不斷變動的案例實際上非常多。

請想像一下足球選手抗議裁判結果的情景。

如果違規的判定基準曖昧不清，再怎麼舉黃牌，比賽也無法穩定進行，反而會演變成一場混亂的比賽，不斷有人下場。

相反地，如果具備基於事實的明確判定基準，選手就會老實聽話，盡力避免犯規。

邏輯清晰地表達對對方的要求，而不把自己的理想和情緒強加於人，這就是將「怒罵」改為「訓誡」的本質。

Action

④建立工作目的的共識

站在年輕人的角度，告訴對方能得到什麼好處

藉由建立信任關係的行動，逐步拉近與年輕人的距離。

接下來，終於要開始講述為成長提供支援的行動了。

年輕人是超理性主義者，總在避免浪費時間，想以最短距離獲得成長。

與之相對的，我們前輩總是想說服他們，那些乍看之下浪費時間的工作方式及暫時停下來思考的時間才能使人成長。

在想要獲得成長這一點上，雙方的想法是一致的。

只是方法不同。

在第三章「『很愛問做這件事有什麼意義』的年輕員工使用說明書」中介紹的大部分煩躁情境，都是以「浪費vs.理性」的對立結構為基礎。

根據前輩的經驗法則來看，「欲速則不達」這個想法本身並沒有錯，但若用錯方式表達，就完全無法打動年輕人。

如果只是一味地說「以前都是這樣的」、「我就是這樣一路走來的」這種話，年輕人只會認為「現在時代不一樣了」，根本聽不進去。

極度追求邏輯和理性的年輕人有一種習慣：不管做什麼事，都要找到一個自己能接受的意義。

正因如此，本書所倡導的與年輕人溝通的基本姿態——「站在年輕人的角度，告訴對方能得到什麼好處」，才會顯得如此重要。

這不僅能消除前輩的煩躁，也是引導年輕人成長的第一步溝通技巧。

用理性的方式說明清楚年輕人能從中獲得什麼好處，讓他們想像這個工作的目的。

如此一來，就能讓年輕人產生這種感覺：即便是前輩的說法，但對自己來說也有價值。年輕人也可能被某項誘因打動，進而提起幹勁。

若是想與年輕人有效溝通、幫助他們成長，這種「翻譯」技能可說是不可或缺的。

關鍵字是「成長的自由」

綜上所述，前輩和年輕人之間要好好溝通，必須達成在工作目的上的共識。

那麼，在與年輕人建立共識上，有什麼有效的誘因呢？

年輕人與我們前輩世代最大的不同，就是「金錢」很難成為誘因。

所以，「這麼做就會加薪」這種話是無法打動他們的，重點在於「成長的自由」。

先前已經提過好幾次，比起金錢，現在的年輕人覺得時間更有價值，在意的是「可以多麼自由地運用對自己來說有意義的時間」。

不過度干涉、給他們更多自由發揮的空間，這無疑是在提升年輕人幹勁這件事情上最重要的價值觀。

因此，就如同先前在第三章「真的只會依照字面上的要求做事……」（132頁）提過的，想要年輕人不要說一步做一步，有效的溝通方法是「除了指示內容之外，額外加上一些自己的小巧思或貼心舉動，逐漸獲得懂得為人著想、獨立思考的評價與信任，微觀管理的情況就會減少」。

另一方面，**要求年輕人付出「時間」的時候，一定要非常小心**。

無論是會議也好、晨會也罷，這些對他們來說都是剝奪自己時間的場合。因此要求他們出席這類場合時，必須針對其意義，進行比我們前輩所想的還要仔細的說明。

Action

⑤好好表達逆耳忠言

負面訊息傳達

導正年輕人，能為他們的成長帶來極大的助益。

而**導正的溝通核心，就在於回饋**。

回饋本來是控制工程學上的用語，意指輸出結果回傳到輸入端，並將輸出值調整至與目標值一致的過程。

換句話說，就是把現況與理想結果之間的「落差」與「其原因」回傳到採取行動的人身上。放在工作的場合，這項行為就是導正。

然而，就像在第二章「不能說重話，委婉表達又聽不懂」（116頁）這個煩躁情境中提過的，回饋是一種高難度溝通。畢竟是要指出現況與理解結果之間的落差，在大部分情況下，都會讓聽者感到不舒服。

首先要知道，回饋是基於這兩項要素成立的。

・**針對績效進行「結果通知」**（**負面訊息傳達**）
・**為績效的「重建、重新學習」提供支援**（**學習支援**）

一般認為「結果通知」屬於負面訊息傳達。誠然，這是一個要將不中聽（刺耳）的話好好告知對方的局面。

回饋之所以讓人覺得困難，原因都在於這部分的溝通。

而負面訊息傳達的訣竅就在於，**針對對方的言行，基於事實具體傳達**。

對方的言行指的是只要對方真心想改變就能改變的「Do」。原則上，我們必須聚焦在這一點。

具體來說，可以用「SBI」的方法來傳達。

SBI是以S（Situation，在什麼樣的狀況下）、B（Behavior，下屬採取什麼樣的行動或行為）、I（Impact，受到什麼樣的影響）這幾個首字母所組成的。

以句子來舉例說明，就是「關於這半年來的業績（S），聽說你平均一天電訪不到十個人（B），因此業績比去年掉了四成（I）」。

這時候要是語帶保留，對方就會聽不懂，所以要盡可能具體、客觀地把訊息傳達給對方。

為了重建而進行的對話才是本質

接著，就要開始進行下一步，也就是學習支援這個「重建」的過程。

不只是通知結果，我們還要為年輕人著想，將重點放在重建上。這麼一來，我們就會更容易把逆耳忠言說出口，讓需要導正的地方明確化。

換句話說，**回饋的本質就在於「為了重建而進行的對話」**。

學習支援這部分，有時候也稱為「前饋」。

為了避免進行重建對話的過程中，只告知對方明顯的缺點或不足之處，或是出現翻舊帳的情況，現在大家似乎不太使用只是針對過去結果進行通知的「回饋」一詞，而是換成能讓對方想像未來願景的「前饋」這個說法。

進行前饋的重點，就是一定要先詢問未來願景，再開始具體討論「下次要怎麼做」。

此外，不應基於前輩世代的個人經驗或主觀視角來單方面給予建議，而是要先向年輕人本人提出問題，讓他們自己思考。

人有一種天性，那就是比起從外部獲得的答案，更容易接受自己思考後得出的答案。更不用提，這種傾向在現在的年輕人身上尤其明顯。

總而言之，徹底讓他們自己思考是很重要的。

最後，落實到一對一面談

最後要介紹的，是如何應用至今為止傳授給各位的溝通技巧。

首先，一定要先掌握這四個要點：

- **作為職場環境的重要空氣「心理安全感」**
- **作為相處態度的重要土壤「僕人式領導」**
- **建立「信任關係」時的溝通技巧**
- **為「成長」提供支援時必須具備的溝通技巧**

要建立信任關係，並為他們的成長提供支援，就要採取下列五個行動：

- **更新打招呼方式**

- **用心傾聽，並爽快地自我揭露**
- **把「怒罵」改成「訓誡」**
- **建立工作目的的共識**
- **好好表達逆耳忠言**

能將這幾點應用在日常的各種時機當然很好，不過閒聊時很難有機會將至今為止傳授給各位的方法全部用上。因此，**為了更容易發揮「建立信任關係和提供成長支援」的溝通技巧，我們必須刻意製造出對話機會。**

刻意製造出的對話機會，就是一對一面談。

所謂的一對一面談，如同其字面意義，就是指一對一定期進行的面談。

一般來說，通常都是主管與下屬面談，不過在確認工作進度的時候，也會遇到前輩與後輩面談的情況。

應該有很多人會說：「我們都有定期進行一對一面談啊。」但是，你們的面談真的有發揮作用嗎？有達到其原本的目的嗎？

傳統的一對一面談，幾乎都是為了評估員工績效而進行的人事面談。

現在雖然鼓勵大家透過一對一面談進行對話，但應該有很多人都還是用人事面談的方式在進行吧？

主要都是主管在發言，而下屬只是回答主管提出的問題。這種單方面的溝通不能叫作對話。

一對一面談的定義應該是，為了「**在理解下屬心中的煩惱或未來願景的基礎上，支援下屬透過解決問題或覺察來獲得成長**」而進行的面談。

我們可以用僕人式領導的態度進行自我揭露。在面談時營造心理安全感，年輕人就會更願意吐露自己的真心話和煩惱。這能讓我們理解下屬心中的煩惱和未來願景。

又或者，我們可以在確實達成工作目的共識的基礎上，（就算必須說一些不中聽的話）基於事實針對其進度進行回饋。接著再為重建提供支援。這才是支援下屬透過解決問題或覺察來獲得成長的本質。

總而言之，我們前輩世代應該採取的最後一項行動，就是**完成能讓年輕人自動自發做事的敬業度樹的最後一塊拼圖**，將至今為止學到的溝通精髓落實在一堆一面談上。

沒辦法實踐所有學過的方法也無妨。

若各位能在理解四個要點的基礎上，實踐全部的五項行動，那當然是再好不過，但是**只實踐其中一兩項也行**。

只要試著實踐看看自己覺得有參考價值的部分、因為不擅長所以想努力看看的部分，與公司年輕人的相處應該就會變得順利一點。

請各位務必像這樣嘗試看看。

結語

「從沒遇過像平賀先生這麼嚴厲的主管。」

我長年任職於Recruit的時期，曾經從轉調到其他部門的下屬口中聽到這句話。而且不是一兩個人，還挺多的（苦笑）。

可怕、臉臭、不講理、提出不合理要求……在「嚴厲」這個詞的背後，應該有著各式各樣的含意吧。

「畢竟是工作，嚴厲也是理所當然的。最重要的是熱情。」

「雖然有時候會劈頭痛罵，但那也是自己認真看待工作的證明。」

當時的我就是用這種態度與下屬相處的。

不過，也有好幾位以前的下屬曾這麼對我說：

「雖然很嚴厲，但您是個會讓人以後想再和您一起工作的主管。」

正因為對工作認真，才能讓下屬也熱血起來；正因為要求高，下屬才會成長。他們應該都是這樣看待我的吧？當時的我就這樣開心地接受了這句話。

說來慚愧，也許是因為有了這句話當靠山，我當時自負地認為，自己是一個能讓團隊成員提起幹勁、讓他們的工作表現發揮到極致的「優秀主管」。

然而，很久以後我才知道，這都是一場誤會。

離開Recruit之後，這種把熱情灌注在工作上的管理方式就不管用了。

沒錯。優秀的並不是我，而是當時的下屬。

不知是好是壞，Recruit是一間很多員工都會自動自發做事的公司。態度認真的團隊成員會自我成長，並拿出成果。

正因為這種職場文化已經根深蒂固，所以不管是用鬆散還是嚴格的方式管理，團隊都能順利運轉。

這讓我大受打擊。

對自己的管理方式失去自信後，我突然就覺得與下屬或年輕員工溝通變得非常困難，與他們相處時不禁畏首畏尾，又因此變得更加煩躁，陷入惡性循環。

而最大的問題在於，過去我深信「熱情」是自己強項的信念產生了動搖，於是失去了作為一個人的自信。當時真的很難熬……

不過，我現在的狀況非常健康。

因為我正和會自動自發做事的年輕人一起工作。

為什麼會形成這種狀況呢？

這都是多虧了我一步一腳印地實踐本書所介紹的「敬業度樹」這個方法。

要改變那既蠻橫又令人窒息的傳統溝通方式，需要花費相當大的心力，但只要意識到心理安全感，就能逐漸學會如何站在對方的立場思考。

在五項行動之中，特別需要注意的是「把怒罵改成訓誡」以及「建立工作目的的共識」。總之，別忘記要仔細溝通。

不煩躁的感覺真好，對吧？

要是年輕人會自動自發，我們就不需要下達詳盡的指令；當他們試圖去做交辦內容以外的事，我們心中自然就會萌生感謝與讚賞的心情。

把這些告訴他們，彼此的關係就會更加穩固。

唉呀，可不能又得意忘形起來了（苦笑）。

團隊成員會自己打開開關、開始自動自發地做事，而我們充其量只是從旁輔助。這樣的認知，正是僕人式領導的基本概念。

平賀充記

〈作者簡介〉

平賀充記

組織溝通研究家，人力資源顧問。1963年生於日本長崎縣，畢業於同志社大學。1988年進入Recruit股份有限公司任職，在人事部擔任畢業生聘用負責人。派駐紐約後，前後曾擔任「FormA」、「FromA_NAVI」、「TOWNWORK」、「TORABAAYU」、「GATEN」等媒體的總編。2008年起擔任主要求職媒體統括總編，對於求職媒體在日本的盛行貢獻頗豐。2012年隨著Recruit成立子公司，轉任Recruit Jobs媒體企劃統括部門執行董事。

2014年自公司離職，就任TSUNAGU Solutions股份有限公司（現為TSUNAGU控股集團）董事。2015年設立多元工作者相關智庫「TSUNAGU工作方式研究所」並就任所長。專業領域為人才聘用、人力資源開發、組織開發。在人力資源領域見多識廣，精通培育優秀人才的職場管理、人力資源管理及線上招募、人生百年時代的生涯規劃等。尤其在年輕員工的管理方面造詣精深。

曾多次為「東洋經濟Online」和「讀賣新聞Online」撰文。著有《非正規って言うな!》（Cross Media Publishing）、《神採用メソッド》（Kanki出版）、《なぜ最近の若者は突然辞めるのか》（Ascom）等書。

Z世代員工解析大全

消弭鴻溝才能擺脫煩躁

出　　版／楓書坊文化出版社
地　　址／新北市板橋區信義路163巷3號10樓
郵政劃撥／19907596 楓書坊文化出版社
網　　址／www.maplebook.com.tw
電　　話／02-2957-6096
傳　　真／02-2957-6435
作　　者／平賀充記
翻　　譯／王綺
責任編輯／邱凱蓉
內文排版／洪浩剛
港澳經銷／泛華發行代理有限公司
定　　價／380元
初版日期／2024年3月

國家圖書館出版品預行編目資料

Z世代員工解析大全：消弭鴻溝才能擺脫煩躁 / 平賀充記作；王綺譯. -- 初版. -- 新北市：楓書坊文化出版社, 2024.03面；　公分

ISBN 978-986-377-952-0（平裝）

1. 人事管理 2. 人際關係 3. 職場成功法

494.35　　113000661